图解
中国古代
建筑史

TU JIE
ZHONG GUO GU DAI
JIAN ZHU SHI

高晓勇 ●
著 / 绘

广西师范大学出版社
· 桂林 ·

图书在版编目 (CIP) 数据

图解中国古代建筑史 / 高晓勇著绘 .—桂林：广西师范大学出版社，2021.3（2022.1 重印）

ISBN 978-7-5598-3193-4

Ⅰ. ①图… Ⅱ. ①高… Ⅲ. ①建筑史—中国—古代—图解 Ⅳ. ① TU-092.2

中国版本图书馆 CIP 数据核字 (2020) 第 171779 号

图解中国古代建筑史
TUJIE ZHONGGUO GUDAI JIANZHUSHI

策划编辑：高　巍
责任编辑：冯晓旭
助理编辑：马竹音
装帧设计：六　元

广西师范大学出版社出版发行

（广西桂林市五里店路 9 号　　邮政编码：541004）
（网址：http://www.bbtpress.com）

出版人：黄轩庄

全国新华书店经销

销售热线：021-65200318　021-31260822-898

恒美印务（广州）有限公司印刷

（广州市南沙区环市大道南路 334 号　邮政编码：511458）

开本：787mm×1092mm　　1/16

印张：20.5　　　　　　字数：170 千字

2021 年 3 月第 1 版　　2022 年 1 月第 2 次印刷

定价：88.00 元

———————————————————————————————

如发现印装质量问题，影响阅读，请与出版社发行部门联系调换。

自序

中国古代建筑史的研究工作已经持续了将近九十个年头，前辈学者们在这方面做出了极大的贡献，产生了众多研究成果。这些书籍多以建筑文献分析和各朝代建筑营造技艺的讲解为主，而系统解析中国古建筑比例和绘制方法的书籍却寥寥无几。鉴于此种情况，本书以中国古代历史时间轴为主线，以各个朝代为关键节点，通过手绘和图说的形式来讲解中国古代灿烂的建筑成就。

书中针对单个朝代建筑类型的划分和重点建筑的选取，主要参考了侯幼彬、李婉贞的《中国古代建筑历史图说》，刘敦桢的《中国古代建筑史》，潘谷西的《中国建筑史（第六版）》和梁思成的《中国建筑史》等。根据需要，本书对前面所提书籍中的一些建筑和个案加以删除和补充，最终形成了本书的框架体系。本书对于每一个朝代的建筑解说都遵从一个基本原则——由宏观到局部，即城市、宫殿、单体建筑、园林、陵寝、书籍记载、建筑技艺这样的逻辑顺序。如此一来，中国建筑史就形成了一个完整的结构，拥有了自己的内在机制，使中国古建筑嵌入其数学公式般的模型当中。

众多的中国古代建筑各有特点，如何将这些特点以最简洁的方式传递给读者，是我一直在思考的一个问题。最终，我将目前所能搜集到的古建筑图纸进行了提炼和简化，以手绘的方式呈现在大家面前。我相信，经过重新整理的手绘图片应该更加容易理解，也更能帮助读者看清楚建筑的细节。这些古建筑手绘图的绘制并不是机械的抄录，而采取了一定的方法。本书结合中国古建筑的特点和营造技艺，将这个方法具体体现在每个朝代和每类建筑当中，以案例解析绘制的方式呈现给大家。这个规律符合对应朝代的建筑特征，但又有个体独特性，这部分独特的建筑比例只做简单示意，在图上呈现为颜色较轻的线条。此外，手绘图上还附有我的一些心得和感悟，供大家参考。书中的文字也经过了形象化、通俗化处理，希望可以帮助各位热爱中国古代建筑史的读者，也为中国古建筑事业尽绵薄之力。本书前六章插图由我绘制，后两章插图由曹雪芹与我共同绘制。如果本书对读者有所帮助的话，那都是后记中诸位的结果。诚然，书中的谬误也在所难免，若有瑕疵纰漏，请诸君不吝赐教。

目录

第一章 原始社会——建筑艺术的萌生 ————————————— ● 001

第一节 原始社会的两种建筑形式 ————————————— ● 002

一、木骨泥墙房屋的形成过程 002

二、干阑（栏）式房屋的形成过程（由巢居演变而来） 004

第二节 新石器时期的四大建筑文化 ————————————— ● 005

一、仰韶文化（黄河中游、渭水）——母系氏族社会 005

二、龙山文化（黄河中下游）——父系氏族社会 008

三、河姆渡文化（浙江余姚，长江流域） 008

四、红山文化（辽河流域） 008

第二章 夏、商、周——后代礼制的奠定 ————————————— ● 011

第一节 城市大遗址 ————————————— ● 013

一、河南偃师尸沟乡商城遗址 013

二、河南安阳小屯村殷墟遗址 013

第二节 宫殿遗址 ————————————— ● 014

一、河南偃师二里头一号宫殿遗址 014

二、湖北黄陂盘龙城宫殿遗址 014

三、陕西岐山凤雏村建筑遗址 016

四、陕西扶风召陈村瓦件 017

五、秦国雍城宗庙遗址 017

六、秦咸阳一号宫殿遗址 018

第三节 斗栱的生成期 ————————————— ● 019

第四节 书籍文献遗存 ————————————— ● 019

一、《周礼·王城图》 019

二、中山王陵《兆域图》 020

第三章　秦、汉——中国建筑的迅猛发展期 ————————— ● 023

第一节　都城盛况 ————————————————— ● 025
一、汉长安城遗址　　　　　　　　　　　　　　025
二、东汉洛阳城遗址　　　　　　　　　　　　　026
三、曹魏邺城遗址　　　　　　　　　　　　　　027

第二节　汉代建筑遗存 ————————————— ● 028
一、高颐墓阙　　　　　　　　　　　　　　　　028
二、孝堂山石祠　　　　　　　　　　　　　　　029

第三节　汉代礼制建筑 ————————————— ● 030
汉长安明堂辟雍　　　　　　　　　　　　　　　030

第四节　明器中的汉代住宅 ——————————— ● 032
云梦出土东汉陶楼明器　　　　　　　　　　　　032

第五节　秦汉陵墓的地下世界 —————————— ● 033
一、秦始皇陵　　　　　　　　　　　　　　　　033
二、西汉茂陵　　　　　　　　　　　　　　　　035
三、沂南画像石墓　　　　　　　　　　　　　　035
四、汉代砖墓结构　　　　　　　　　　　　　　036

第六节　建筑技术、艺术的形成期 ———————— ● 038
一、汉代木构架的四种形式　　　　　　　　　　038
二、汉代屋顶与脊饰　　　　　　　　　　　　　040
三、多姿多彩的汉代斗栱　　　　　　　　　　　040
四、汉代家具　　　　　　　　　　　　　　　　042

第四章　三国、两晋、南北朝——步履维艰的乱世建筑 —————— ● **043**

　第一节　繁华的都城 ————————————————— ● 045

　　一、东晋、南朝建康城　　　　　　　　045

　　二、北魏洛阳城　　　　　　　　　　　046

　第二节　佛教建筑的传播发展 ———————————— ● 047

　　一、北魏洛阳永宁寺塔　　　　　　　　047

　　二、河南登封嵩岳寺塔　　　　　　　　047

　第三节　建筑技术、艺术的融合期 —————————— ● 050

　　一、屋顶的活泼化　　　　　　　　　　050

　　二、斗栱的发展　　　　　　　　　　　051

　　三、柱枋关系的明确　　　　　　　　　052

　　四、高足家具的兴起　　　　　　　　　052

　　五、艺术装饰的多样化　　　　　　　　052

第五章　隋、唐、五代——鼎盛王朝建筑的演绎 —————— ● **055**

　第一节　隋唐长安、洛阳的规划 ——————————— ● 057

　　一、唐长安城　　　　　　　　　　　　057

　　二、隋唐洛阳城　　　　　　　　　　　060

　第二节　唐代第一宫——大明宫 ——————————— ● 061

　　一、大明宫遗址　　　　　　　　　　　061

　　二、主殿——含元殿　　　　　　　　　062

　　三、宴饮之所——麟德殿　　　　　　　064

第三节　隋唐佛寺 ━━━━━━━━━━━━━━━━━━━━━━━ ● 065

　　一、南禅寺　　065

　　二、佛光寺　　068

　　三、悯忠寺（寺院组群）　　072

第四节　隋唐五代佛塔 ━━━━━━━━━━━━━━━━━━ ● 073

　　一、大慈恩寺大雁塔　　073

　　二、荐福寺小雁塔　　074

　　三、栖霞寺舍利塔　　075

　　四、神通寺四门塔　　076

　　五、海慧院明惠禅师塔　　077

第五节　隋唐园林 ━━━━━━━━━━━━━━━━━━━━━ ● 078

　　一、隋唐长安禁苑　　078

　　二、唐长安兴庆宫　　079

第六节　唐代陵墓 ━━━━━━━━━━━━━━━━━━━━━ ● 080

　　一、唐关中十八陵　　080

　　二、唐乾陵　　081

　　三、唐永泰公主墓　　082

第七节　隋唐五代住宅 ━━━━━━━━━━━━━━━━━━ ● 083

　　一、敦煌莫高窟第 85 窟壁画中的晚唐宅院　　083

　　二、王休泰墓出土陶院　　084

第八节　隋代石桥 ━━━━━━━━━━━━━━━━━━━━━ ● 085

　　赵县安济桥　　085

第九节　建筑技术、艺术的成熟期 ━━━━━━━━━━━ ● 086

　　一、唐代屋顶及屋脊　　086

　　二、唐代斗栱　　088

　　三、唐代经幢　　089

四、唐代台基、勾阑　　　　　　　　　　　　090

五、唐代家具　　　　　　　　　　　　　　　091

第六章　宋、辽、金、元——建筑风格的新发展阶段 ————●　093

第一节　都城、府城概况 ————————————————●　096

一、北宋东京汴梁城　　　　　　　　　　　096

二、南宋临安城　　　　　　　　　　　　　096

三、宋平江府城　　　　　　　　　　　　　098

四、辽中京城　　　　　　　　　　　　　　098

五、金上京城　　　　　　　　　　　　　　100

六、金中都城　　　　　　　　　　　　　　101

七、元大都城　　　　　　　　　　　　　　102

第二节　宋、金、元宫殿 ————————————————●　103

一、北宋汴梁宫殿　　　　　　　　　　　　103

二、金中都宫殿　　　　　　　　　　　　　104

三、元大都大内宫殿　　　　　　　　　　　104

四、元大都大明殿宫院　　　　　　　　　　106

第三节　宋、辽、金、元佛寺 ——————————————●　107

一、天津蓟县独乐寺　　　　　　　　　　　107

二、河北正定隆兴寺　　　　　　　　　　　111

三、大同善化寺　　　　　　　　　　　　　116

四、大同华严寺　　　　　　　　　　　　　120

五、福州华林寺大殿　　　　　　　　　　　125

六、宁波保国寺大殿　　　　　　　　　　　128

七、五台山佛光寺文殊殿　　　　　　　　　128

八、洪洞广胜下寺　　　　　　　　　　　　130

第四节　宋元祠庙、道观 ————————————● 132

一、太原晋祠　　132

二、晋祠圣母殿　　133

三、汾阴后土庙图碑　　135

四、芮城永乐宫三清殿　　136

第五节　宋、辽、金、元佛塔 ————————————● 138

一、应县木塔　　138

二、北京妙应寺白塔　　140

三、北京天宁寺塔　　141

四、定县开元寺塔　　142

五、苏州报恩寺塔　　142

六、泉州开元寺仁寿塔　　144

第六节　汉化的宋、元清真寺 ————————————● 145

一、杭州真教寺　　145

二、广州怀圣寺光塔　　146

三、泉州清净寺　　147

第七节　文人气十足的宋、元园林 ————————————● 148

一、艮岳　　148

二、元大都太液池　　149

三、独乐园　　149

四、滕王阁和黄鹤楼　　150

第八节　布局独特的宋代陵墓 ————————————● 151

一、巩县宋陵　　151

二、北宋永昭陵（北宋嘉祐八年 1063 年）　　152

第九节　书籍文献遗存——《营造法式》 ————————————● 153

一、材分制度（《营造法式》的模数制度）　　153

二、殿堂、殿阁型构架特点　　154

三、厅堂、厅阁型构架特点 156

四、梁的分类 156

五、标准化的宋式铺作 156

六、宋式铺作出跳 159

七、屋架举折做法 160

八、角柱生起解析 160

九、侧脚之法 160

十、造月梁之规矩 162

十一、卷杀梭柱之案例 162

十二、宋式须弥座 163

十三、宋式勾阑 163

十四、宋式柱础 164

十五、宋式门窗、平棋 165

第十节 宋式家具——建筑技术、艺术的定型化 ——————● 166

第七章 明、清——建筑风格的定型与古代建筑史的终章 —— ● 167

第一节 都城与府、县城 ————————————————● 170

一、明清北京城 170

二、明平遥城 170

第二节 北京宫殿和盛京宫殿 ——————————————● 172

一、北京紫禁城 172

二、盛京宫殿 175

第三节 明清坛庙 ————————————————————● 176

一、北京天坛建筑群 176

二、曲阜孔庙 179

第四节 明清宗教建筑 ——————————————————● 180

一、北京西直门外大正觉寺塔 180

二、碧云寺金刚宝座塔   180

三、承德外八庙：普陀宗乘之庙   182

四、北京智化寺   184

五、喀什阿巴伙加玛札   184

第五节　明清陵寝   ●　186

一、明十三陵   186

二、清东陵   191

第六节　明清王府   ●　195

一、曲阜孔府   195

二、北京恭王府   195

第七节　清代皇家园林   ●　197

一、北京"三山五园"   197

二、承德避暑山庄   201

第八节　明清私家园林   ●　203

一、苏州拙政园   203

二、苏州留园   204

第九节　明清会馆   ●　205

北京湖广会馆   206

第十节　明长城   ●　207

一、明长城分布   207

二、八达岭长城   208

第十一节　书籍文献遗存——《工程做法》   ●　209

一、斗口制——《工程做法》的基本模数   209

二、大木作大式建筑与大木作小式建筑   210

三、屋顶形式   214

四、清代举架制度　　　　　　　　　　　　216

五、三种主要承重形式　　　　　　　　　216

六、清代斗栱制度　　　　　　　　　　　219

七、清代台阶形制　　　　　　　　　　　222

八、清式勾阑和须弥座　　　　　　　　　224

九、清式大门、槅扇门、槛窗　　　　　　225

十、清式牌楼　　　　　　　　　　　　　230

十一、清式影壁　　　　　　　　　　　　232

十二、清代彩绘　　　　　　　　　　　　234

第十二节　明清家具 ————————————● 235

一、明代家具　　　　　　　　　　　　　235

二、清代家具　　　　　　　　　　　　　237

第八章　乡土建筑 ————————————————● 239

第一节　北京四合院 ————————————● 240

第二节　晋陕窑院 ——————————————● 241

第三节　东北大院 ——————————————● 242

第四节　云南"一颗印" ———————————● 243

第五节　徽州天井院 ————————————● 244

第六节　浙江天井院 ————————————● 245

第七节　客家土楼 ——————————————● 246

第八节　窑洞 ————————————————● 247

重点抄绘图 ——————————————————● 249

后记 ————————————————————————● 312

参考书目 ——————————————————————● 313

第一章

原始社会——建筑艺术的萌生

（远古—公元前 2070 年）

第一节　原始社会的两种建筑形式

"巢居"与"穴居"是中国原始先民的两种主要居住形式。《孟子》中的"下者为巢，上者为营窟"，《礼记·礼运》中的"昔者先王未有宫室，冬则居营窟，夏则居橧巢"，反映出不同区域的地势高低、气候干湿和不同季节的温度对原始建筑的制约。

一、木骨泥墙房屋的形成过程

木骨泥墙房屋从"穴"演变而来，主要出现在黄河流域。

◆ 天然洞穴

170万年前至1万年前之间，人类一直处于游牧状态，这种居无定所的情况使天然形成的洞穴成了人类最好的选择。

◆ 原始横穴

旧石器时代（约300万年前—1万年前）的天然洞穴有点类似于现在晋陕地区的窑洞，可见，人类在逐步摆脱天然洞穴的过程中，学会了仿照天然洞穴的形式进行新居所的建造。而新石器时代遗址——宁夏海原林子梁遗址中的横穴是窑洞式和半地穴式的结合，房屋面积达25平方米，并且四周还有用于安放灯火的孔洞（图1-1）。

◆ 深袋穴、竖穴

祖先们来到平原之后发现，天然洞穴和原始横穴都失去了修建的条件，此时只能向垂直方向发展，深袋穴、竖穴便应运而生，但此时的竖穴还比较深，这种形式受到了之前原始横穴的影响。仰韶文化中发现了很多地穴式的房子，一般穴底会有火灶，四壁会有壁柱，偃师汤泉沟遗址就是一个典型的例子（图1-2）。

◆ 半穴居

生活方式的复杂化，社会组织的精密化，使半穴居的优势展现了出来。半穴居的形式一方面可以保暖，一方面还能提供一部分地下空间。当时的人们先从地表向下挖出一个方形或圆形的穴坑，在穴坑中埋设立柱，然后沿坑壁用树枝捆扎成围墙，内外抹上草泥，形成一个伞状的屋顶。屋内已经具备了基本功能，有用来烧烤食物的火坑和休息睡觉的土台。仰韶文化的半坡遗址中就有大量的半穴居房屋（图1-3）。

◆ **地面建筑**

　　半穴居房屋经过进一步发展便演变成了地面建筑，此时的建筑空间更为广阔，木结构和土结构的配合更加自然。慢慢地，建筑开始摆脱土的束缚，向以木为主的方向发展，逐步形成了木骨泥墙房屋。

▲ 图 1-1　宁夏海原林子梁遗址横穴

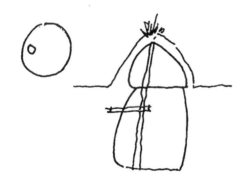

▲ 图 1-2　河南偃师汤泉沟遗址深袋穴

▲ 图 1-3　方形的半穴居房屋（西安半坡遗址 F21[①]）

---

① 《田野考古工作规程》中规定，F21 代表了第 21 个发现的房屋，后文同此计法。

二、干阑（栏）式房屋的形成过程（由巢居演变而来）

《韩非子·五蠹》记载："上古之世，人民少而禽兽众，人民不胜禽兽虫蛇。有圣人作，构木为巢，以避群害。"在长江等多水区域，另一种独特的建筑形式正在逐渐演变，这就是巢居。由原始、自然的"树上居"到多树配合搭建更大的树上房屋，这是一个功能要求的必然趋势，但之后用木柱支撑房屋的方式是一个质的进步，从此，建筑木结构的发展又多了一个方向（图1-4）。

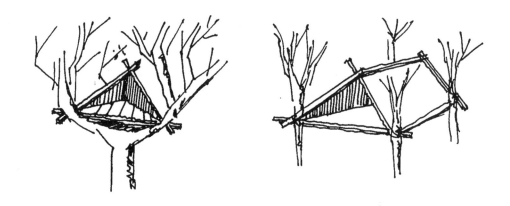

▲ 图1-4　干阑式房屋演变示意图

第二节　新石器时期的四大建筑文化

　　人类在穴居、巢居中积累起来的技术经验，在迈入奴隶社会的前期得到了广泛的传播与发展，并在广袤的中华大地绽开了一朵朵繁盛的建筑文明之花。其中，有四大建筑文化对后来中国建筑的发展产生了深远影响，它们分别是仰韶文化、龙山文化、河姆渡文化和红山文化。

一、仰韶文化（黄河中游、渭水）——母系氏族社会

　　仰韶文化的名称源于这一文化在河南省三门峡市的仰韶村首次被发现。仰韶先民能够制造精美的陶器，所以，仰韶文化又有彩陶文化之称。仰韶文化分布在黄河中游，距今约有 5000—7000 年的历史。陕西西安半坡聚落遗址（图 1-5）和临潼姜寨聚落遗址是这一文化的典型代表。

　　这两处聚落房屋的建筑风格有如下特点：门前有雨棚，恰似"堂"的雏形，再向屋内发展，形成后进的"明间"，隔墙左右形成两个"次间"，正是"一明两暗"的形式；如果纵向观察，房屋又分为前后两部分，形成"前堂后室"的格局。

　　半坡遗址居住区占地约 3 万平方米。居住区大致呈圆形，周围有一圈壕沟，是聚落的重要防御设施。聚落中心有一座大房子，应该是聚落举行重要集会的场所，里面发现了柱洞和灶坑。在大房子周围有自由排布的小型半穴居式房屋 46 座，这些房屋的平面有方形也有圆形，有半地穴式的，也有地面上的。

　　聚落中的大房子 F1 面积约 160 平方米，房屋前后两个空间，前面是举行氏族会议的公共空间，后面的空间被划分为 3 间，是用于生活住所的私人区（图 1-6）。

　　聚落中的 F24 是典型的地面建筑，目前发现的柱洞显示房屋有 12 根承重大柱，且柱子形成了较为规整的柱网，这标志着，当时在中国以间架为单位的木构框架体系已趋形成（图 1-7）。

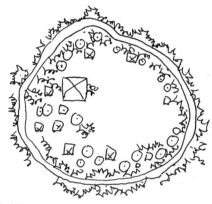

▲ 图 1-5 西安半坡聚落遗址

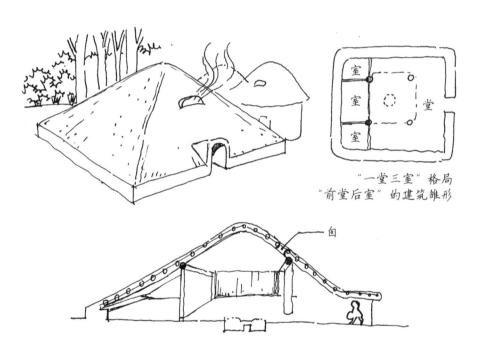

"一堂三室"格局
"前堂后室"的建筑雏形

▲ 图 1-6 西安半坡遗址 F1 大房子

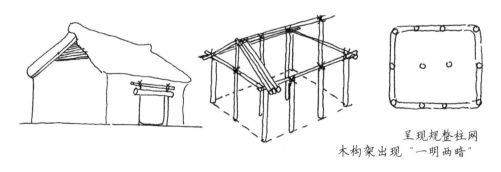

呈现规整柱网
木构架出现"一明两暗"

▲ 图 1-7 西安半坡遗址 F24

陕西临潼姜寨聚落遗址和半坡遗址极其相似，聚落周围也有人工壕沟环绕。五组建筑群围绕一个中心广场自由布置，每组建筑群当中都有一座大房子，其他小房子平面为圆形或方形，有地穴、半地穴及地面建筑三类（图1-8）。墙壁和屋顶多为木骨泥墙，房屋内部有火坑和休息用的土台。

除此之外，秦安大地湾遗址是仰韶文化晚期的建筑遗址。图1-9是大地湾遗址中的一栋房子，有一个梯形的主室，主室左右有侧室，后部有后室。主室前端有与主室等宽的三列柱迹，类似于后来的抱厦。房屋为前堂后室格局，两侧带两"旁"、两"夹"。这座房屋是聚落的中心建筑，体量最大，前堂应该是聚落用于聚会和举办庆典的空间，后室是氏族首领的住所。前堂后室的平面布局已呈现出宫殿的初级形态（图1-9）。

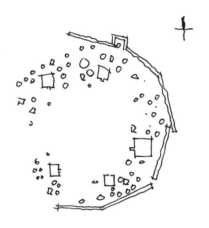

▲ 图 1-8　临潼姜寨聚落遗址

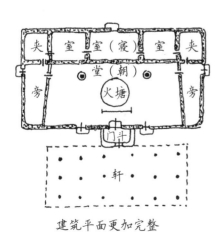

建筑平面更加完整

▲ 图 1-9　秦安大地湾遗址 F901

二、龙山文化（黄河中下游）——父系氏族社会

因考古学家首次在山东省济南市历城县龙山镇（今属山东省济南市章丘区）发现了举世闻名的城子崖遗址，获得大批精美的磨光黑陶，所以称这种文化为"龙山文化"，距今约有 4000 年历史。西安客省庄龙山文化中的"吕"字形房子为双套间，属于半地穴式房屋的外室有袋形窖穴，内室有圆灶坑（图 1-10）。结构为木骨泥墙或者土坯，大多数房间内都有一根木柱，柱下有石础，室内地面是压平的硬面。

三、河姆渡文化（浙江余姚，长江流域）

浙江余姚河姆渡遗址距今有 5000—7000 年的历史，河姆渡遗址位于小山坡之上，总面积达 4 万平方米，其中最让人惊讶的莫过于排布规律的干阑式建筑。这些建筑的基础就是打入地下的木桩，然后在上面铺设木板，木板上再立柱，从而形成了底层架空，带有前廊的干阑式房屋。木桩、屋架、梁柱、檩枋等许多木构件均采用榫卯进行连接，并且榫卯的形式已经呈现出多样化和精细化的特点（图 1-11）。

四、红山文化（辽河流域）

建平县牛河梁女神庙遗址距今约有 6000 年历史（约公元前 3630 年）。女神庙遗址由纵向的主室、前后室和横向的侧室组成，在南边还有附属建筑。庙的顶盖和墙体也采用木骨泥墙，表面压光或施用彩绘。女神庙内的女神塑像有大小之分、老少之别，神像装扮华丽，用玉片镶嵌眼睛。在女神庙中出现了轴线化的建筑空间以及陪衬空间，从这点上反映出来的不仅是空间的变化，更是社会意识形态的变化（图1-12）。世俗社会的主次、公私在红山文化中得到了很好的体现，从而推动了建筑技术与艺术的进步。

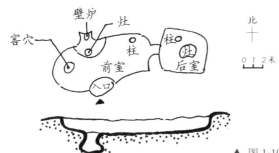

▲ 图 1-10 "吕"字形房子（西安客省庄遗址）

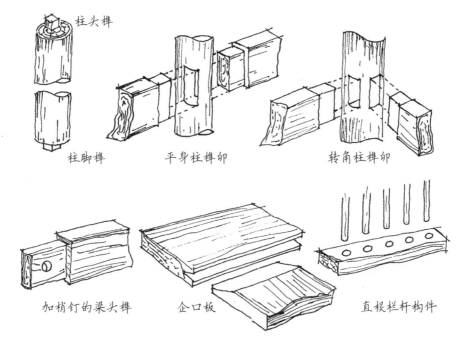

柱头榫

柱脚榫　　　　平身柱榫卯　　　　　转角柱榫卯

加梢钉的梁头榫　　　企口板　　　　直根栏杆构件

▲ 图 1-11 余姚河姆渡遗址干阑式建筑榫卯示意图

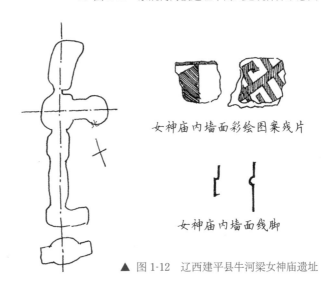

女神庙内墙面彩绘图案残片

女神庙内墙面线脚

▲ 图 1-12 辽西建平县牛河梁女神庙遗址

第二章

夏、商、周——后代礼制的奠定

（公元前 2070—公元前 221 年）

夏（公元前 2070—公元前 1600 年）是中国第一个王朝，中国从此告别原始社会，进入奴隶社会。夏王朝的统治中心位于现在的河南西部一带。

商（公元前 1600—公元前 1046 年）的统治中心位于现在的河南中部及北部的黄河两岸地区。商是奴隶社会的大发展时期，出现了精湛的青铜工艺，还出现了中国最早的文字——甲骨文。当时的城市已经出现城墙相套的格局。

西周（公元前 1046—公元前 771 年）实施封邦建国的宗法制，因此形成了许多大小不等的城市，由不同等级的奴隶主统治。封建制产生之后，这些城市发生了翻天覆地的变化。

东周（公元前 770—公元前 221 年）时期①，铸铁工具的推广使社会生产力得到了空前提高，各诸侯国之间由于争霸战争，分封的土地边界也变得模糊不清。这一时期，土地的买卖和掠夺时有发生，私人土地大量出现，井田制解体，封建租佃制度的产生成了大势所趋。

在建筑成就上，夏、商、周是中国木构架建筑体系的奠定期。这期间，夯土技术已经成熟，这点从目前出土的很多大遗址中可得到证实：柱上开始使用最简单的斗，柱间有使用阑额的趋势；用庭院的形式组织群体建筑，廊院和合院这两种庭院形式都已经出现。

随着春秋时期瓦的普遍使用和砖的出现，高台建筑进入历史舞台。在战国甚至春秋时期，出现了斗栱的雏形，柱间已经开始使用阑额。战国时期盛行半瓦当，瓦当上的图案生动流畅，圆瓦当也有少量出土。汉以后，半瓦当消失，全部为圆瓦当。

---

① 这个时期指秦朝正式建立之前，也就是公元前 221 年前，建筑史上一般把东周王室覆灭到秦建立这个时期也归纳到东周里。

第一节　城市大遗址

一、河南偃师尸沟乡商城遗址

目前发现的遗址表明，河南偃师尸沟乡商城遗址有三套城墙，分为宫城、内城和外城。宫城内的宫殿为庭院式布局，最引人注目的主殿长达90米，是迄今所知最宏大的早商单体建筑（图2-1）。

二、河南安阳小屯村殷墟遗址

安阳小屯村殷墟遗址是商朝后期的都城，位于河南安阳小屯村。都城因势建设布局，全城有宫殿区、作坊区和墓葬区。其中发现建筑遗址五十余座，分甲、乙、丙三区。在殷墟当中未出现瓦，表明商代仍处于茅茨土阶的阶段（图2-2）。

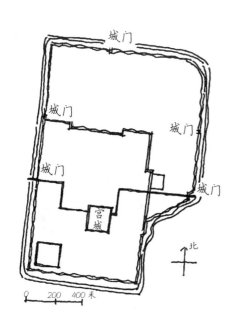

▲ 图2-1　河南偃师尸沟乡商城遗址平面图

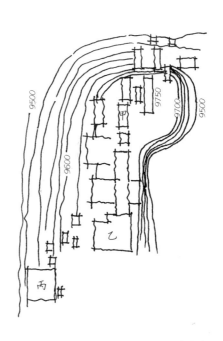

▲ 图2-2　河南安阳小屯村殷墟遗址

第二节　宫殿遗址

一、河南偃师二里头一号宫殿遗址

该宫殿为夏末廊院式建筑，夯土台残高约 80 厘米，东西长约 108 米，南北长约 100 米。夯土台上有一座殿堂，殿堂周围有回廊，南面有门的遗址，但是殿堂与门却不在一条轴线上，说明我国早期的封闭院落还没有形成院落中轴线的概念（图 2-3）。

主殿堂柱洞排列整齐，开间统一，可以看出当时的木构技术有了较大的进步。在宫殿中没有发现瓦件，构筑方式应当是茅茨土阶形态。这座宫殿遗址是至今发现的我国最早的规模较大的木构架夯土建筑和庭院的实例。单体殿屋内部可能已经出现"前堂后室"的空间划分，呈现一堂、五室、四旁、两夹的空间格局（图 2-4、图 2-5）。

二、湖北黄陂盘龙城宫殿遗址

湖北黄陂盘龙城宫殿遗址是中商时期一个诸侯国的宫殿遗址。宫殿和安阳小屯村殷墟遗址、偃师二里头一号宫殿遗址极其相似，都坐落在约 1 米高的夯土台上。目前发现的宫殿遗址显示，宫殿是一个带有围廊的四间居室，由于未形成进深方向的柱列，因此没有形成一个规整的柱网。建筑通过柱子支撑斜梁，然后斜梁上再置檩条的做法，形成了木构架结构（图 2-6）。盘龙城中的两个建筑是"前朝后寝"的布局实例。

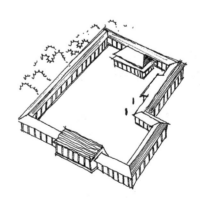

▲ 图 2-3　河南偃师二里头一号宫殿遗址
　　　　　平面及鸟瞰图

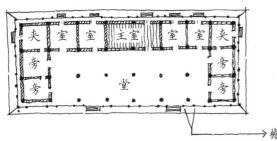

画图心得：八开间，三进深，与后世奇数开间有所不同，对中轴线的强调有了雏形。各开间与各进深无主次之分，所以八个开间和三个进深相等。每个檐柱前都有一对小柱。

→ 檐柱前的小柱

▲ 图2-4 河南偃师二里头一号宫殿遗址平面图

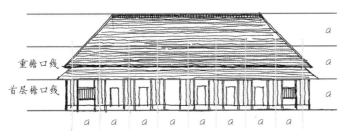

重檐口线

首层檐口线

a a a a a a a a

画图心得：1.通过开间与高度关系确定大概辅助线，横三纵八，均为a；2.确定两个檐口；3.确定房屋正脊与纵向辅助线关系。

▲ 图2-5 河南偃师二里头一号宫殿遗址立面图①

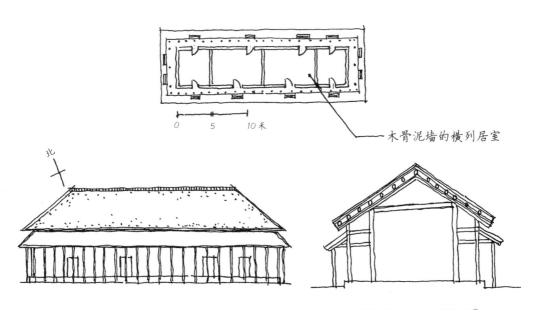

0 5 10米

→ 木骨泥墙的横列居室

北

▲ 图2-6 湖北黄陂盘龙城宫殿遗址②

① a是一个标准单位，可以将其理解成一分的意思。
② 该时期的建筑仍未形成进深方向的柱列。梁柱形式开始在建筑中得到应用。

三、陕西岐山凤雏村建筑遗址

陕西岐山凤雏村建筑遗址是一处早周的两进院落的四合院，被称为西周瓦屋。建筑南北长45米，东西长32米，是我国已知的最早、最严整的四合院实例。这个遗址表明，我国建筑的群体布局水平在西周取得了重要进展。院落四周有檐廊环绕，中轴线上依次排列着影壁、大门、前堂、后室。院落两侧为通长的厢房，将院落围成封闭空间（图2-7），前堂与后室之间用廊子连接。建筑当中已出现瓦的痕迹，虽用量较少，但标志着中国建筑开始由茅茨土阶向瓦屋过渡。

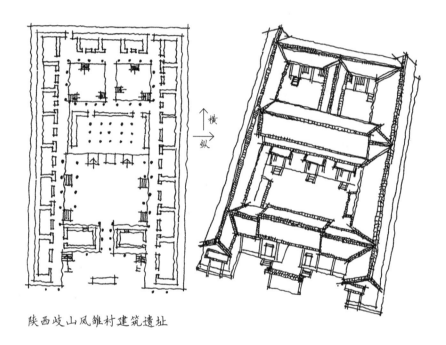

陕西岐山凤雏村建筑遗址

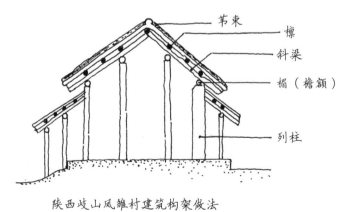

陕西岐山凤雏村建筑构架做法

▲ 图2-7　陕西岐山凤雏村遗址建筑平面、剖面和轴测图

四、陕西扶风召陈村瓦件

西周中晚期，使用瓦的建筑的数量多了起来，质量也有了较大的提高，并且出现了半瓦当，这点在陕西扶风召陈遗址中得到了证实。这些瓦件使屋顶的防水性能得到了提高，延长了屋顶的使用寿命（图2-8）。

五、秦国雍城宗庙遗址

雍城位于现在的陕西凤翔南郊，是春秋时期秦国的都城。考古学家在其中发现了一座大型宗庙。方院内有三座殿屋，中间为太祖庙，前方左右两座殿屋为昭、穆二庙。三庙内部划分出前堂、后室、东西夹和后部的东、西、北堂。中庭地面下有密集的牺牲坑，是识别祭祀性建筑的重要标志（图2-9）。

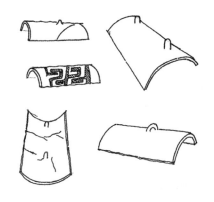

▲ 图2-8　召陈村瓦件

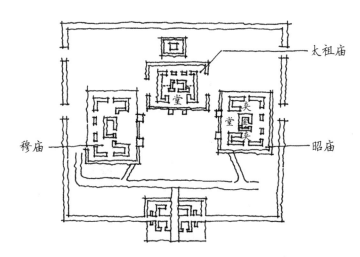

▲ 图2-9　秦国雍城宗庙遗址

六、秦咸阳一号宫殿遗址

秦咸阳一号宫殿遗址是战国时期秦咸阳宫的一座高台建筑，各层排列灵活，形体高低错落。宫殿主要用作居室、浴室。宫殿平面呈曲尺形，首层主体为夯土台，夯土台南部嵌套了五个房间，北部有两个房间，周边绕回廊。二层建筑进行了退台处理，西部在夯土台里有三个房间，中部一个房间，东南角一个房间。此外，东北部形成敞厅，除敞厅外，房屋四周均绕以回廊（图 2-10）。这座建筑只是东西对称的一组宫观的西观，它与东观之间有飞阁复道相连，为我们展示了宫观建筑的外观和台榭建筑的丰富表现力。

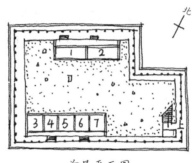

首层平面图

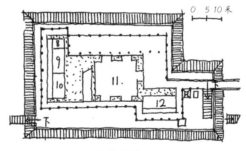

二层平面图

立面图

▲ 图 2-10 秦咸阳一号宫殿遗址

第三节　斗栱的生成期

　　最早的斗栱形象见于西周的青铜器上，这种形象和结构应该是借鉴了当时的建筑。河北平山县战国时期中山国一号墓出土的四龙四凤方案便带有斗栱的形象。在案座四角是斜出 45 度的龙头，龙头上立圆柱形蜀柱，柱头上承栌斗，斗上承 45 度抹角栱，栱的两端各立蜀柱，上放散斗，散斗上再承枋（图 2-11）。

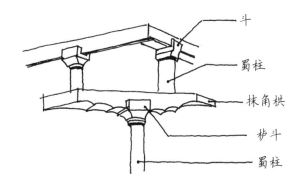

斗

蜀柱

抹角栱

栌斗

蜀柱

▲ 图 2-11　战国四龙四凤方案座斗示意图

第四节　书籍文献遗存

一、《周礼·王城图》

　　《考工记》是战国末期齐国记述手工业技术的官书，其作者不详。《考工记》是先秦古籍中重要的科学技术著作，它记载了六门工艺（攻木之工、攻金之工、攻皮之工、设色之工、刮摩之工、抟埴之工），三十个工种的技术规则。西汉年间，献王刘德因《周官》缺《冬官》一篇，就以此书补之。至刘歆校订时，又将《周官》改为《周礼》，亦称《周礼·考工记》。其中的《周礼·王城图》记载了这样一段文字："匠人营国，方九里，旁三门。国中九经九纬，经涂九轨，左祖右社，面朝后市，市朝一夫。"

这是中国最早的关于城市规划的记述，意思是，匠人营建都城，九里见方，都城的四边每边三门。都城中有横纵各九条大道，每条大道可容九辆车并行。王宫左边是宗庙，右边是社稷坛。城市中朝堂在前，集市在后。市场和朝堂都是百步见方（1步约为1.65米）（图2-12）。

二、中山王陵《兆域图》

战国时期，已经有人将高大的坟丘称作"陵"，显示帝王的尊贵。从此以后，帝王的坟墓就称为"陵寝"。河北平山县战国时期中山王陵出土了一块铜板地图，板面上刻出了陵园的平面图，在两道围墙内有一组高台。高台上并列中山王与王后的三座享堂，两侧还有两座夫人享堂，要比中间三座矮小。五座享堂下部是对应的坟丘。《兆域图》代表了战国时期大型建筑组群的规划设计达到的最高水平（图2-13）。

战国时期，由于空心砖的发明与陵墓防水的需要，砖石墓室开始兴起。在后来漫长的岁月里，砖石墓室经历了由大砖到小砖，由平梁板结构向拱、穹隆的转变。此外，战国时期砖石墓室中木制棺椁采用的榫卯技术已经相当精准（图2-14）。

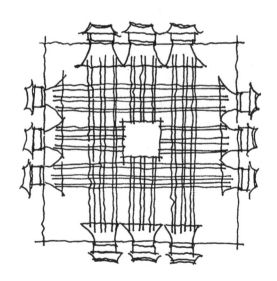

▲ 图2-12　《周礼·王城图》记载的王城平面图

▲ 图 2-13　战国中山王陵

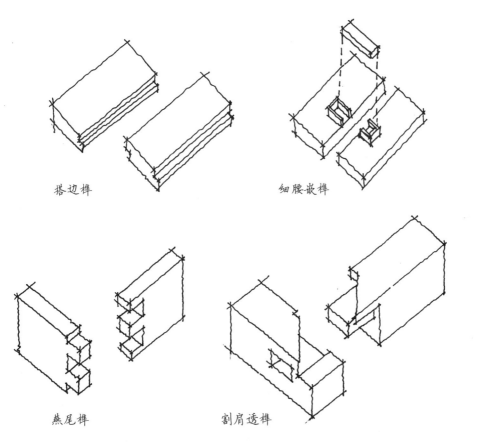

搭边榫

细腰嵌榫

燕尾榫

割肩透榫

▲ 图 2-14　战国时期榫卯示意图

第三章

秦、汉——
中国建筑的迅猛发展期

（公元前 221—公元 220 年）

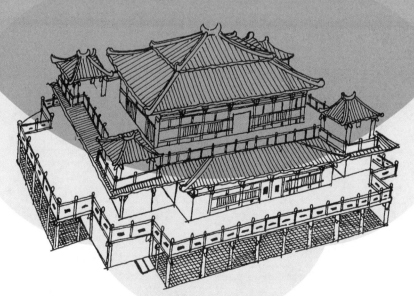

秦代的建筑成就在战国时期已经说明，代表建筑为秦咸阳一号宫殿遗址①。

汉代的建筑成就如下：

汉代城市建筑规模宏大，宫城占据城市中的大部分面积，建筑类型逐渐多样化。在材料方面，汉代是封建社会前期建筑艺术的高峰。中国建筑作为一个独立体系，到汉代已经基本确立，木构架体系（抬梁式、穿斗式），院落式布局等特点已基本定型。砖、瓦等人工材料大量使用，拱券结构也有很大发展，石建筑主要为石墓和石祠。在装饰上，开始出现多样化的特点。在技术上，多层木架建筑已经较普遍，木架建筑的结构和施工技术有了巨大的进步，但还没有解决大空间建筑的技术问题。斗栱形式虽然不统一，但在汉代已经普遍使用。另外，屋顶形式有很多，当时以悬山顶和庑殿顶最为普遍，歇山顶和囤顶也已应用。

① 这里的秦指统一六国之后的秦国，秦咸阳一号宫殿为战国时修建，故放在前一章介绍。

第一节　都城盛况

一、汉长安城遗址

　　汉长安城城垣四周各开三座城门，四面都有渠水或河水环绕，面积 35 平方千米。长安城是先建宫殿居宅，后围城垣，里面受建筑物所限，外面西、北两侧又受渭水限制，所以，汉长安城的城墙南、北、西三面均凸凹曲折。由于南北城墙均为北斗形，因此，古称长安城为"斗城"。对汉长安城内的街道布局，古人有"八街九陌"的说法，可知街道布局与长安城的平面布局一样，都不够规整。汉武帝时大兴土木，增修北宫，并新建桂宫、明光宫、建章宫等宫殿群，占去城中大部分空间，普通居民的居住区域只剩下很小的一部分（图 3-1）。汉朝采取陵邑制，在东南与北面设置七座城市。在长安城北面的横门东西两侧设有东市和西市，另外，城南也设有市。同时，汉武帝时期还在城南修筑明堂，在城西南开凿昆明池以及拓展上林苑。汉武帝以后，长安城中再没有大规模兴建建筑。经过多年战争动乱，长安城日益凋敝残破，城中宫宇朽蠹，所以，隋文帝在统一全国后，便决定在龙首原南侧另建新都。

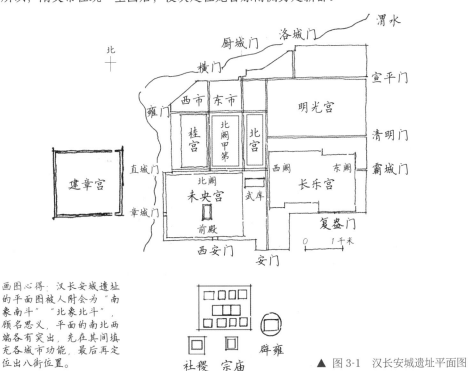

画图心得：汉长安城遗址的平面图被人附会为"南象南斗""北象北斗"，顾名思义，平面的南北西端各有突出，先在其间填充各城市功能，最后再定位出八街位置。

▲ 图 3-1　汉长安城遗址平面图

二、东汉洛阳城遗址

东汉洛阳城遗址位于今洛阳市东。东汉光武帝建都于此，城址呈矩形，北依邙山，南临洛水，谷水支流从西向东横贯城中，城市面积为 9.5 平方千米，比长安城小得多。全城 12 座城门，城内大街都通向城门，街宽 20 ~ 40 米不等，相交形成 24 段，可能就是文献记载的洛阳二十四街。城中有南北两宫，相互错位，未形成统一的南北轴线。北宫比南宫稍大，两宫之间以架空的复道相连，这种布局给城市交通造成了阻碍。城东北隅有太仓、武库遗址，平城门外有灵台、明堂、辟雍和太学遗址。其中的灵台和太学，分别是我国目前已发现的最早的天文台和太学遗址（图 3-2）。东汉洛阳的布局，发展了以宫城为主体，以横竖街道组织规整闾里的规划思想，是从不规整的汉长安城向规整的曹魏邺城演变的过渡。

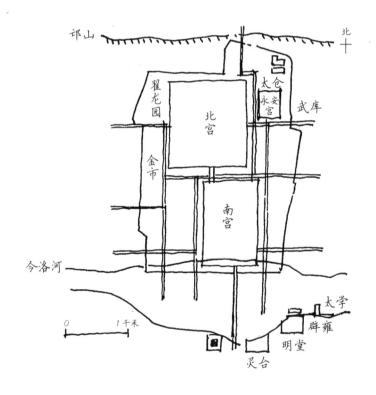

画图心得：以横竖街道组织规整的闾里是东汉洛阳城的最大特点，所以宫城面积明显缩小。八街仍是画图重点，要以它来划分城市。

▲ 图 3-2　东汉洛阳城遗址平面图

三、曹魏①邺城遗址

邺城平面呈长方形，有两重城垣：郭城和宫城。郭城有七座城门，城中有一条东西干道连通东、西两城门，将全城分成南北两部分。干道以北地区为统治阶层的用地，正中为宫城。宫城以东为戚里，是王公贵族的居住地区；宫城以西为禁苑——铜雀园，其中有粮仓、武器库和马厩。园西北隅凭借城墙加高筑成铜雀、金虎、冰井等三台，平时供游览和检阅城外军马演习之用，战时作为城防要塞。东西干道以南为一般居住区，划分为若干里坊（图3-3）。邺城的主要宫殿毁于西晋末年，334 年后，赵石虎迁都邺城时，沿用曹魏时的布局重建。公元 6 世纪，北齐在城南增建新城，史称邺南城，比北城更大、更奢华。

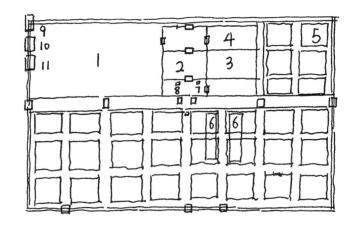

1. 铜雀园　　4. 后宫　　7. 钟楼　　　10. 铜雀台
2. 文昌殿　　5. 戚里　　8. 鼓楼　　　11. 金虎台
3. 听政殿　　6. 衙署　　9. 冰井台

▲ 图3-3　曹魏邺城遗址平面图

---

① 曹魏属于三国时期，但其城市风格与汉代城市风格有明显的差别，所以本书将曹魏时期建筑遗址放在本章节，以强化读者对不同时期城市风格差别的认识。

第二节　汉代建筑遗存

一、高颐墓阙

　　位于四川雅安的高颐墓阙是我国目前保存最完好、雕塑最精美的汉阙。高颐曾任益州太守，因政绩显著，汉皇敕建阙以表其功。高颐墓阙建于汉献帝建安十四年（209 年），主阙高约 6 米，子阙高 3.39 米。阙用红砂石英岩叠砌，阙顶仿汉代木结构建筑，刻有浮雕，其图案内容丰富，内涵深刻（图 3-4）。

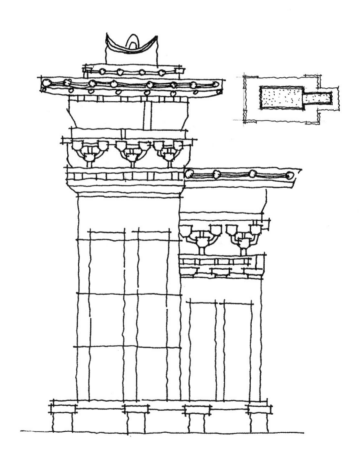

▲ 图 3-4　四川雅安的高颐墓阙

二、孝堂山石祠

孝堂山石祠位于山东长清县，是东汉早期的墓地祠堂，祠后有一墓冢。该石祠是中国现存最早的地面房屋建筑。石祠为单檐悬山顶两开间房屋，面阔4.14米，进深2.5米，高2.64米。祠内刻有画像36组，主要内容是车骑出行、庖厨宴饮、狩猎百戏等祠主的经历和生活场景，其中最重要的是祠主生前伴随王驾出行的《大王出行图》和描述祠主生前最高官职的《二千石出行图》（图3-5）。

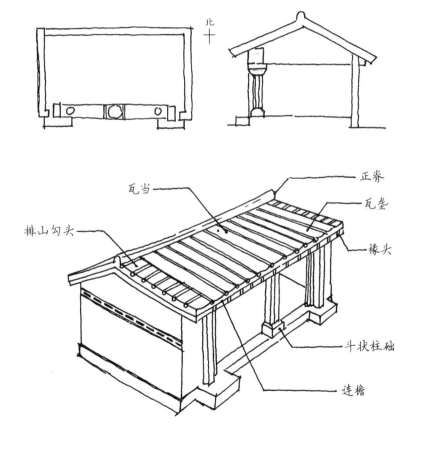

▲ 图3-5　山东长清县孝堂山石祠

第三节　汉代礼制建筑

汉长安明堂辟雍

　　汉长安明堂辟雍建于汉平帝元始年间（汉末），平面为双重外圆内方。第一重外圆内方直径约 360 米，周长 1156 米，为宽 2 米、深 1.8 米的圆形水沟，水沟内是方形夯土墙，边长 235 米，基宽 1.8 米，四面辟门，四隅有曲尺形配房。第二重外圆内方为直径 62 米的圆形夯土台，台上有平面呈"十"字形的主体建筑（图 3-6）。

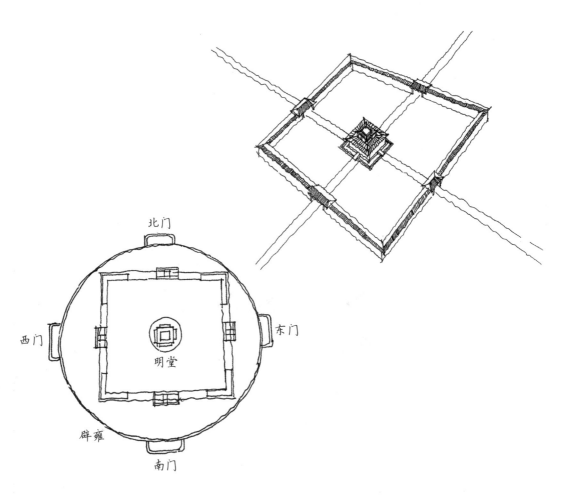

▲ 图 3-6　汉长安明堂辟雍鸟瞰图

　　主体建筑正中为 17 米见方的中心台体，四边皆出走廊。中层方室为四堂，第三层中心方室四隅外侧小夯土台上各建一小室，与中心方室一起构成第三层的五室（图3-7）。

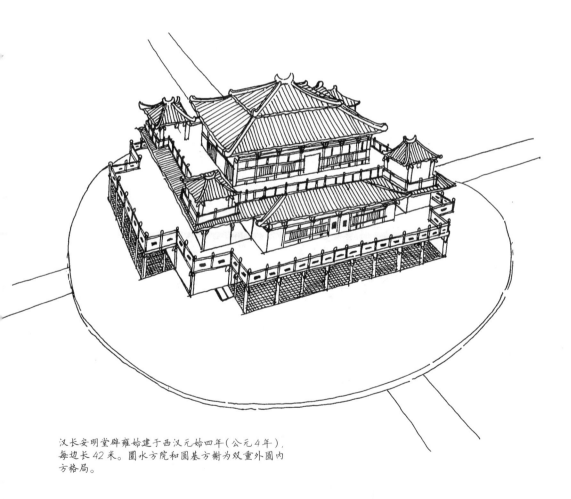

汉长安明堂辟雍始建于西汉元始四年（公元 4 年），每边长 42 米。围水方院和圆基方榭为双重外圆内方格局。

▲ 图 3-7　汉长安明堂辟雍中的明堂

第四节　明器中的汉代住宅

汉代住宅没有实物遗存，但有数量颇多的画像石、画像砖和明器陶屋，为我们提供了丰富的图像资料，从中可以了解汉代中小型宅舍、大型宅第和坞壁（一种防御性住宅）的大体状况。

云梦出土东汉陶楼明器

这件陶楼明器出土于湖北云梦的一座东汉晚期的砖石墓中。这组建筑的平面接近现代建筑，布局自由、合理。陶楼由前后两列房屋组成，前列楼是建筑的主体，有上下两层，是主要居住用房。后列辅助用房由两部分组成：东部的厕所和猪圈组成小院，厕所被高高架于猪圈之上；西部厨房为两层通高，便于通风。主体建筑后方是高高耸立的望楼。前列房屋上覆四阿顶（清称庑殿顶），下设披檐；后屋上为高低不等的悬山顶（图3-8）。

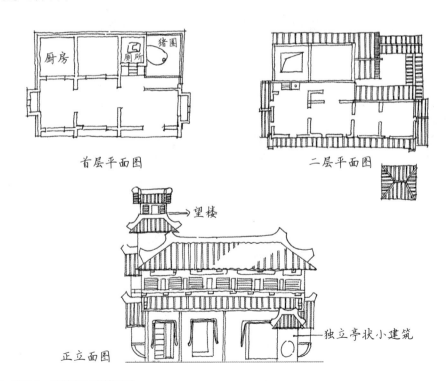

首层平面图　　　　二层平面图

正立面图

▲ 图3-8　云梦东汉陶楼明器

第五节　秦汉陵墓的地下世界

秦汉陵墓陵体四周有陵墙,每边开门,陵墓四面正中各有一条墓道,与门对正。地面之上的封土采用所谓的"方上",即标准的方锥形台体。汉代陵寝中的"庙"每年祭祀二十五次。而"寝"则造在陵园之中,每天要四时奉祀,所以陵园也称为"寝园"。

西汉时期帝王陵墓的地下墓室大量使用"黄肠题凑"(黄肠:柏木段;题凑:排成箱体结构)的方式建造,东汉以后这种方式逐渐被淘汰。东汉时期,砖石墓与"黄肠题凑"同时使用。

一、秦始皇陵

秦始皇陵由两道夯土陵墙环绕,内墙周长约 2.5 千米,外墙周长约 6.3 千米,整个陵区占地 2 平方千米。内墙中部有极大的地面封土,呈 3 级方锥形台体,夯土建造,最下一级南北长 350 米,东西长 345 米,现存残高 43 米,是迄今所知中国最大的人工坟丘(图 3-9)。内墙北半部是寝殿或寝殿的附属建筑所在。地下空间宽广,距地面约 30 米,面积约 18 万平方米。用水银微缩展示出中国的山川河流,用珠宝仿日月星辰。墓室位于地宫中央,高 15 米,相当于一个标准足球场大小。

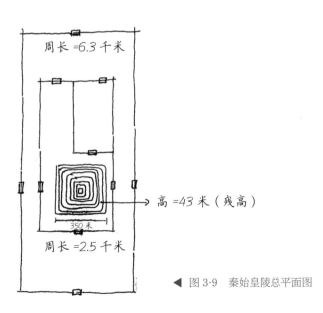

周长 =6.3 千米

高 =43 米(残高)

350 米

周长 =2.5 千米

◀ 图 3-9　秦始皇陵总平面图

兵马俑坑是地下坑道式的土木结构建筑。兵马俑陪葬坑坐西向东，三个坑（1、2、4号坑）呈"品"字形排列。最早发现的是1号俑坑，呈长方形，坑里有6000多人马，四面有斜坡门道。2号俑坑呈曲尺形，位于1号坑的东北侧，坑内建筑与1号坑相同，但布阵更为复杂，兵种更为齐全，是三个坑中最为壮观的军阵，坑里有1300多人马，分为4个单元。3号坑位于1号坑西端北侧，为三个坑中面积最小的一个，整体呈"凹"字形，共出土兵马俑68个。从3号坑的内部布局看，应为1、2号坑的指挥部。4号坑有坑无俑，只有回填的泥土，据推测是由于秦末农民起义等原因而并未建成（图3-10）。

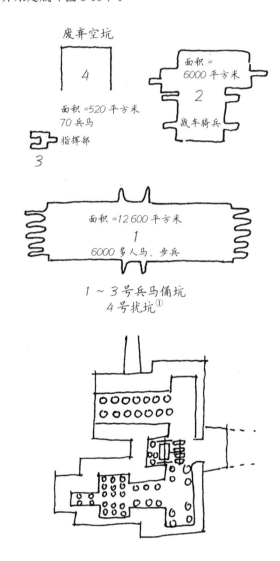

▲ 图3-10　兵马俑坑平面图

---

① 扰坑，即为迷惑人而虚设的陪葬坑，也是最普通的反盗墓方式。

二、西汉茂陵

位于今陕西兴平市的西汉茂陵是汉武帝的陵墓，从汉武帝即位第二年就开始建设，一直持续了 53 年，是 11 个汉朝皇陵之中最大的，具有仅次于秦始皇陵的中国第二大人工封土。汉代继承秦制，陵体采用夯土方上，底边长 230 米，高 46.5 米，周围是夯土陵墙，东西长 430 米，南北长 414 米，每面正中各辟一门，门外立夯土双阙（图 3-11）。

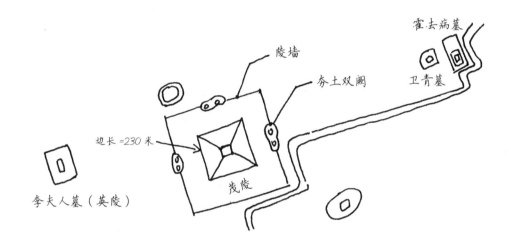

▲ 图 3-11　汉武帝茂陵

三、沂南画像石墓

沂南画像石墓位于山东沂南县北寨村内，是一座东汉晚期的墓葬。画像石墓顾名思义就是用石材修建的墓室，并在石材上作画。墓室由 280 块形状各异的预制石构件装配而成，石构件上绘制有墓主人生前的事迹，还包括战争场面、车骑出行、乐舞百戏、庖厨宴饮、历史故事、神话故事等。墓内南北总长 8.7 米，东西总宽 7.55 米，占地面积 88.2 平方米。墓室在南北轴线上分别排布着前、中、后三室，西侧有两间侧室，东侧有三间侧室，前、中、后三室墓顶都用条石抹角或用叠涩砌筑形成藻井。

墓门为两间，中间由一根立柱分隔，前室、中室由八角中心柱支撑，这些八角中心柱下部有柱础，上部有非常硕大的斗栱，后室是一堵隔墙，放置墓主人的棺椁（图3-12）。

四、汉代砖墓结构

木椁墓存在易腐和不耐压的问题，所以砖石墓应运而生。这种空心砖墓经历了平置板梁式、斜撑板梁式、折线楔形式和增加拱形的演变过程。汉代用于建造墓室的砖材有空心砖、空心条砖、楔形砖、企口砖、楔形企口砖、墓门空心砖等多种形式（图3-13）。西汉晚期形成的小砖券墓是墓室结构的重大进步，在东汉时期大量使用。东汉前期和中后期，分别产生了穹隆顶小砖墓和叠涩顶小砖墓。叠涩顶在结构受力上不如穹隆顶，但因在施工上较为方便而得以应用（图3-14）。可以说，中国的砖结构在两汉时期取得了颇为迅速的发展。

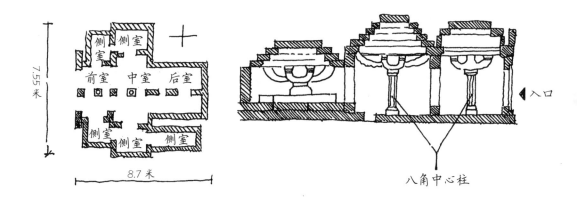

▲ 图 3-12　沂南画像石墓平面、纵剖面图

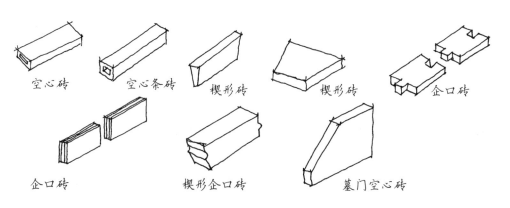

▲ 图 3-13　汉代墓中砖的类型

折线楔形企口砖

半圆弧形小砖墓

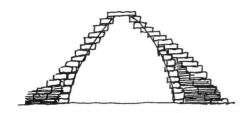

叠涩顶小砖墓

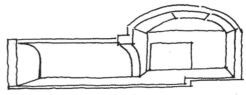

穹隆顶小砖墓

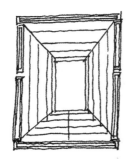

平置板梁式空心砖墓

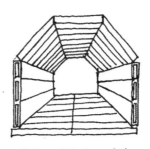

斜撑板梁式空心砖墓

折线嵌楔形空心砖墓

折线楔形空心砖墓

▲ 图 3-14 汉墓常见的砌筑方式

第六节　建筑技术、艺术的形成期

一、汉代木构架的四种形式

◆ 抬梁式构架

　　河南荥阳汉墓出土的抬梁式陶屋，在悬山顶下部的山墙面上清晰地勾画着柱上置梁、梁上再置短柱的构架形式，表明抬梁式构架在东汉时期已经形成，并已得到广泛使用（图 3-15）。抬梁式构架后来成为中国木构架体系的主要结构形式。

◆ 穿斗式构架

　　长沙左氏家族收藏的穿斗式陶屋，在山墙面上清晰地刻画着柱枋形象。三根立柱直接承受檩条荷载，立柱之间有横向的穿枋联结，这是很典型的穿斗式构架形式（图 3-16）。

◆ 干阑式建筑

　　干阑式建筑是一种地面架空的建筑，从上古巢居房屋发展而来。在广东出土的陶屋为三开间，悬山顶的房屋，架起的高度和屋身高度近似相等，为典型的干阑式建筑（图 3-16）。

◆ 井干式结构

　　云南石寨山出土的贮贝器上的图案就是典型的井干式结构（图 3-17）。井干式结构是将木头两端凿出榫卯，四木平面相交出头，组成"井"字方格，然后层层叠加，如井上四交之干，故称"井干"。

木构架体系形成期

▲ 图 3-15　河南荥阳汉墓抬梁式陶屋

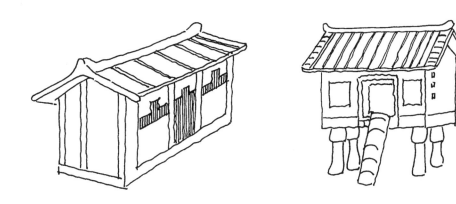

▲ 图 3-16　长沙左氏收藏的穿斗式陶屋和广东出土的干阑式陶屋

汉代井干式结构

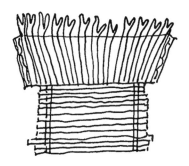

▲ 图 3-17　云南石寨山出土的贮贝器

二、汉代屋顶与脊饰

汉代屋顶形象古拙，朴实无华，有的正脊仅在端部微微翘起或凸起尖突，隆重者在正脊中部再添加饰物。汉朝受楚人崇火、尊凤、尚赤的影响，因此，汉代屋顶盛行以凤和鸟为饰品，比如，高颐墓阙上有巨鸟口衔组绶（系玉的丝带）的雕饰。后汉武帝听信巫术厌火之言，逐渐改凤鸟为鸱尾（图3-18）。

三、多姿多彩的汉代斗栱

汉代斗栱在陵墓壁画、明器、石屋当中都出现过，而且形式多样，说明在汉代，斗栱的使用已相当广泛，但没有形成一个成熟的形制，也没有形成完善的斗栱体系，正处于积极探索期。图3-19中是一些汉代常见的斗栱形式。

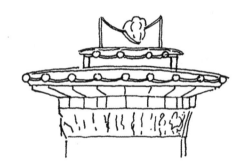

高颐墓阙脊巨鸟口衔组绶

汉武帝时鸱尾形象

▲ 图3-18　汉代脊饰

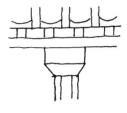

单置栌斗
（孝堂山石祠）

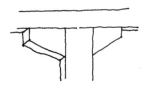

实拍栱
（广州出土陶屋）

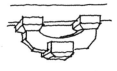

一斗二升
（渠县冯焕阙）

一斗二升加蜀柱
（雅安高颐墓阙）

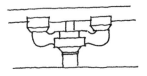

曲栱
（雅安高颐墓阙）

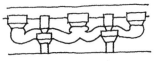

交互曲栱
（渠县沈府君阙）

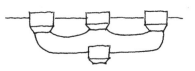

一斗三升
（牧马山出土明器）

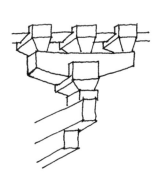

挑梁单栱出跳
（三门峡出土明器）

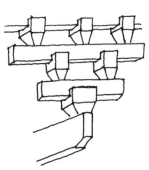

挑梁重栱出跳
（望都出土明器）

▲ 图 3-19　汉代多样的斗栱

四、汉代家具

    根据目前出土的一些画像砖、画像石以及明器可知，汉代席地而坐之风盛行，坐具包括常见的席、筵等。除此之外，"榻"这种坐具也开始出现在人们的生活中，榻又可以分为多人榻和独坐榻（也叫小榻）。陶食案、书案、木案、凭几、陶柜等家具也呈现低矮的形态，与坐具配合得恰到好处。长沙马王堆汉墓出土的彩绘木屏风色泽艳丽，内容形象生动，展示了那个时代高超的制作工艺和独特的审美艺术（图3-20）。

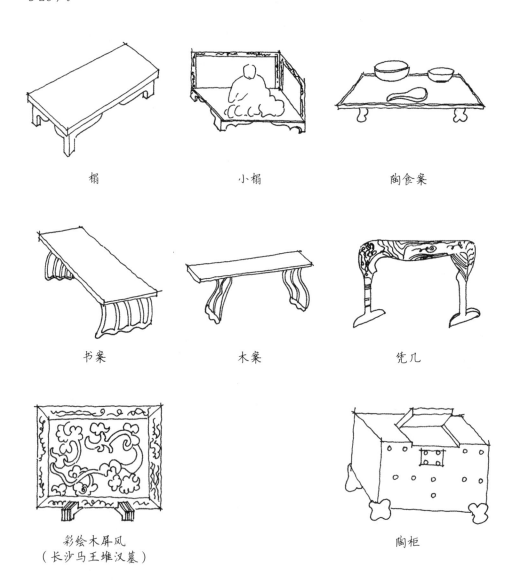

榻   小榻   陶食案

书案   木案   凭几

彩绘木屏风
（长沙马王堆汉墓）   陶柜

▲ 图 3-20　汉代家具

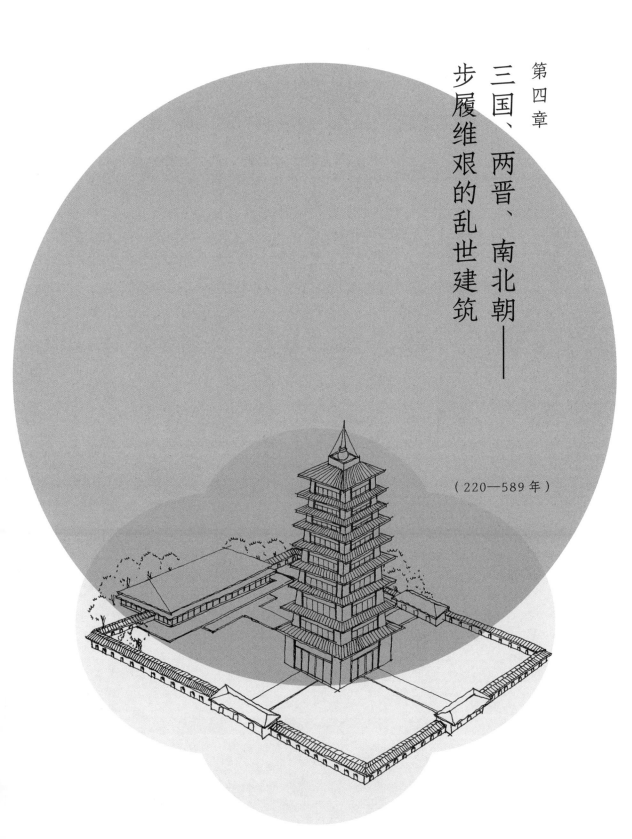

第四章

三国、两晋、南北朝——
步履维艰的乱世建筑

（220—589 年）

三国、两晋、南北朝时期政局动荡，战争不断，国家长期处于分裂状态，社会生产发展缓慢，但战争使大量的人口迁徙，这促成了中外交流、民族交流的大发展。

　　在建筑成就上，由于佛教的盛行，佛寺、佛塔，尤其是石窟寺建筑大量修建；自然式山水风景园林在秦汉时期兴起，到魏晋、南北朝时有了重大发展，形成了皇家园林和私家园林并立的局面，园林营造的观念从大尺度的形似向小尺度的神似转变；由于"胡坐"的传入，中国家具从席地而坐的矮足形开始向垂足而坐的高足形转变，由此引发了中国建筑室内空间和室内景观的改变。

第一节　繁华的都城

一、东晋、南朝建康城

建康是南京在六朝时期的名称，是孙吴、东晋、刘宋、萧齐、萧梁、陈朝六代的都城。建康城南拥秦淮，北倚后湖，钟山龙盘、石城虎踞。建康城有宫墙三重，苑囿主要分布于都城东北处，宫城北，即鸡笼山脚下有华林园，覆舟山上有乐游苑。西南有石头城，东南有东府城、丹阳郡城。都城南面正门为宣阳门，再往南五里为朱雀门，两门间的御道两侧布置官署府寺，居住区也主要分布在御道两侧和秦淮河畔，城内外遍布佛寺（图4-1）。

建康城是中国传统礼教制度与自然完美结合的典范：首开都城中轴对称布局的先例，其平面布局、建筑形制对后世影响深远。建康城宫殿壮丽巍峨，殿阁崇伟，被北魏以及东亚各国争相效仿。

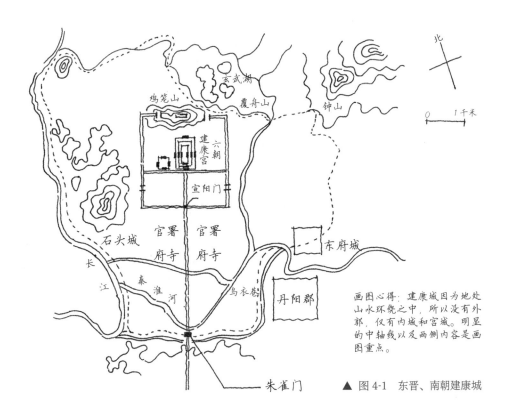

画图心得：建康城因为地处山水环绕之中，所以没有外郭，仅有内城和宫城。明显的中轴线以及两侧内容是画图重点。

▲ 图4-1　东晋、南朝建康城

二、北魏洛阳城

北魏洛阳城遗址位于洛阳市区东，外部面积约 100 平方千米。北魏太和十九年（495 年），孝文帝迁都洛阳后，对汉魏故城进行了大规模改造与扩建，外围加筑郭城，郭城内布置了 320 个方块形的"里坊"。内城废除了东汉两宫的形制，建立了单一的宫城，宫城的位置在全城的北部，是在东汉北宫的基础上改造的。内城北面主要是皇家的宫殿和园囿，是全城的中轴线，铜驼街两侧则分布着官署、寺院（比如永宁寺）、宗庙、社稷坛和贵族的府邸（图 4-2）。后来，该城在东、西魏邙山之战中被毁坏。

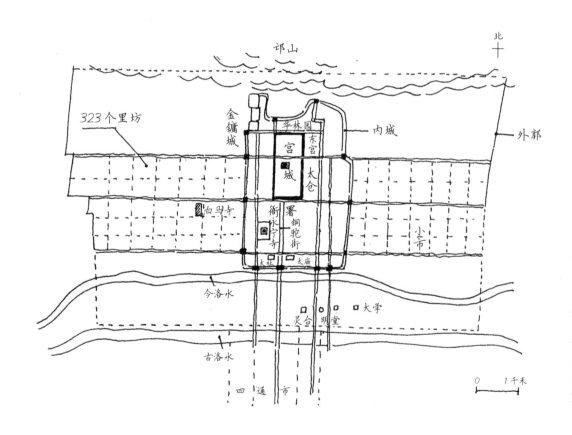

▲ 图 4-2 北魏洛阳城平面图

第二节　佛教建筑的传播发展

佛教诞生于公元前 6 世纪—公元前 5 世纪的古印度，在东汉初年传入我国。中国见于记载的最早的佛教建筑是东汉明帝时建于洛阳的白马寺（67 年），最初，寺院布局是以佛塔为中心的方形院落。佛塔是早期佛教寺庙的主体建筑，也是主要的崇拜对象。汉末笮融在徐州兴建的浮屠寺，据《后汉书·陶谦传》记载，"上累金盘，下为重楼，又堂阁周回，可容三千许人……"，这表明印度佛塔已经和汉地楼阁融合。后来，"舍宅为寺"的风尚出现，为了利用原有房舍，这类佛寺经常以前厅为佛殿，以后堂为讲堂，如北魏洛阳的建中寺。隋唐时期，以殿为中心的佛寺布局逐渐成了主流。

一、北魏洛阳永宁寺塔

北魏洛阳永宁寺是皇家寺院。永宁寺以佛塔为中心，采用中轴对称的廊院形式，殿位于塔后。寺四边有院墙，外有壕沟环绕。永宁寺塔位于三层台基之上，是一座九层方塔。院的东、西、南三面辟门，上建门楼。僧舍及其他附属建筑位于主体塔院的西侧（图 4-3）。

二、河南登封嵩岳寺塔

河南登封嵩岳寺塔建于北魏正光四年（523 年），是我国现存最古老的密檐式砖塔。密檐塔大多使用砖石构建，底层较高，上面有 5～15 层的密檐，大多不能登临。该塔是我国所有古塔中唯一一座十二边形塔，有 15 层密檐，高 40 米，塔身外轮廓收分缓和，最后形成饱满的塔身收分线。密檐间的距离逐层向上缩减，与外轮廓的收分配合良好，使庞大的塔身显得稳重而秀气。檐下的小窗使塔身出现了有节奏的变化，产生了韵律之美（图 4-4）。

北魏灵太后于熙平元年（公元516年）在洛阳兴建永宁寺。塔为9层，总高147米。6层土木结合的土台解决了塔心结构。《洛阳伽蓝记》记载："殚土木之功，穷造型之巧，佛事精妙，不可思议。"

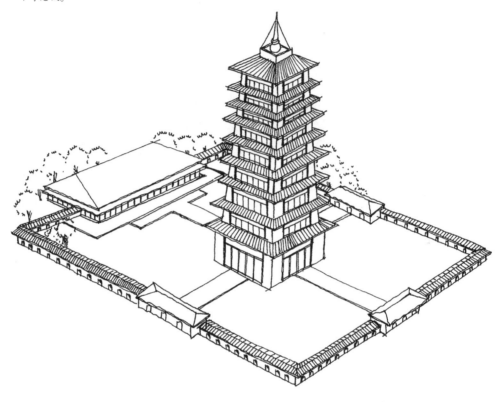

画图心得：永宁寺塔平面需要注意以下两点。

1. 四个角各有5根柱子，分布方式为 也就是在九宫格中错位分布；

2. 中心16根柱子分布为 其余部分规则分布。

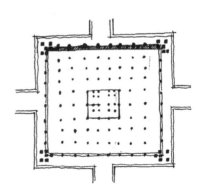

▲ 图4-3 永宁寺和永宁寺塔

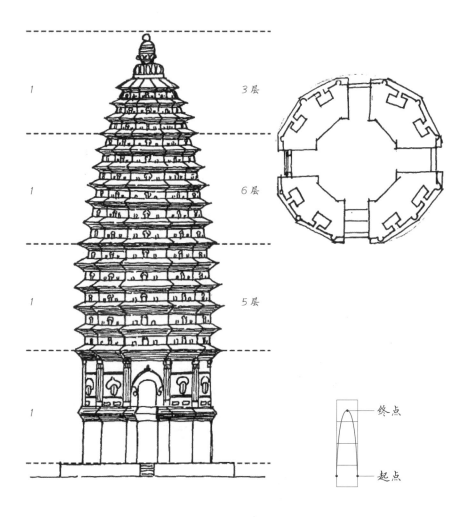

3层

6层

5层

终点

起点

画图心得：该塔的立面从上到下可分为4个正方形，
包括14层密檐和2层普通檐，14层密檐包含在上面
的3个正方形里，分别为3、6、5层，2层普通檐包
含在底下一个正方形里。整个塔呈和缓的抛物线形，
抛物曲线由抛物线起点和终点确定。

▲ 图4-4　河南登封嵩岳寺塔

图解中国古代建筑史

第三节 建筑技术、艺术的融合期

一、屋顶的活泼化

这一时期的建筑风貌发生了显著的变化，由汉代的端庄古拙向活泼遒劲发展。屋面由平面逐渐向凹曲面变化，屋檐由直线逐渐向两端起翘的曲线演进（图4-5）。中国建筑最引人注目的"如鸟斯革，如翚斯飞"的屋顶形象大概在这个时期定型。

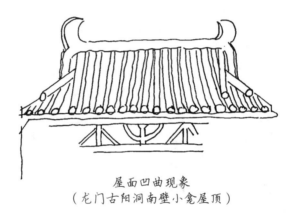

屋面凹曲现象
（龙门古阳洞南壁小龛屋顶）

檐角起翘现象
（云冈石窟第10窟北魏佛龛屋顶）

▲ 图4-5 三国、两晋、南北朝时期屋顶形态

二、斗栱的发展

斗栱在这一时期也逐渐成熟，尺寸已规格化，已具备"以材为祖"的特点。柱头栌斗除承载斗栱外，还承载内部的梁。栱端卷杀已很明确。人字栱被广泛用作补间铺作，并由直线逐渐变为曲线。从日本飞鸟时代^①的建筑（如法隆寺金堂）可以看出，南北朝后期，隋代早期，斗栱已出现"昂"，这是斗栱在出跳支撑挑檐的作用上的重要推进（图4-6、图4-7）。但昂在我国的发展如何还有待考证。

三国、两晋、南北朝时期斗栱的演进

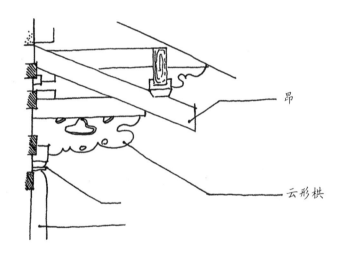

昂

云形栱

▲ 图4-6　日本法隆寺金堂斗栱

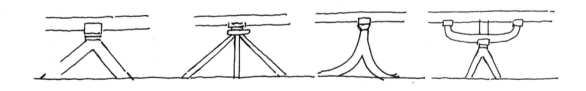

▲ 图4-7　云冈石窟、麦积山石窟中的人字栱

---

① 日本飞鸟时代指592—710年，对应我国的隋代和唐代前期。

三、柱枋关系的明确

南北朝时期，外檐柱子与阑额的搭接主要有两种做法：

第一种是用阑额压在柱顶或柱头栌斗之上，阑额和檐檩之间垫木方或斗，阑额与檩之间有的还加斗栱、叉手，组成通面阔的檐下纵向构架。这种做法表明，纵向构架是主要梁架，但它与柱列的结合只是简单的支撑关系，柱列并不稳定，因而导致整体木构架还不是独立的稳定体系。

第二种是柱头承檩，阑额低于柱顶而插入柱身，额、檩之间加叉手、蜀柱，两柱之间形成一个平行弦桁架。这种做法可以保持额、檩之间和柱列之间的稳定，增强了木构架的整体性。柱头承檩的出现意味着木构架技术的重要改进（图 4-8）。

四、高足家具的兴起

魏晋、南北朝时期，北方的匈奴、鲜卑、羯、羌、氐五个胡人大部落先后在北方建立了十六个国家，随之大量西北少数民族移民进入中原地区。这些少数民族带来了与中原地区不同的生活习惯，比如垂足而坐，从而引发了从低足家具向高足家具的演变。从现存壁画、雕刻中可以看到该时期这些家具的形象——方凳、圆凳、椅子等（图 4-9）。

五、艺术装饰的多样化

佛教的传入不仅带来了一种新的宗教，也带来了印度、西亚、中亚的艺术，比如舞蹈、雕刻、绘画等。这些艺术形式与中国建筑进行融合，产生了新的建筑类型和艺术形式。这种现象在石窟、佛寺等建筑的装饰方面得到了很好的体现，同时也使中国的建筑风格和内涵发生了改变，使秦汉以来质朴的建筑风格变得更加华美、丰富（图 4-10）。

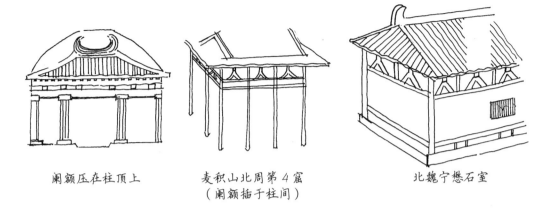

闸额压在柱顶上　　　麦积山北周第4窟　　　　北魏宁懋石室
　　　　　　　　　　（闸额插于柱间）

▲ 图 4-8　外檐柱子与闸额的搭接方式

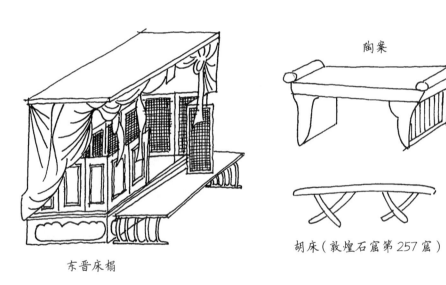

陶案

胡床（敦煌石窟第257窟）

东晋床榻

▲ 图 4-9　魏晋、南北朝时期的高足家具

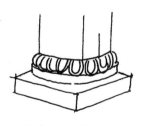

嵩岳寺塔火焰券门　　　义慈惠石柱莲花柱础　　　南朝墓砖卷草纹

▲ 图 4-10　魏晋、南北朝时期的装饰

第五章

隋、唐、五代——鼎盛王朝建筑的演绎

隋（581—618 年）
唐（618—907 年）
五代（907—960 年）

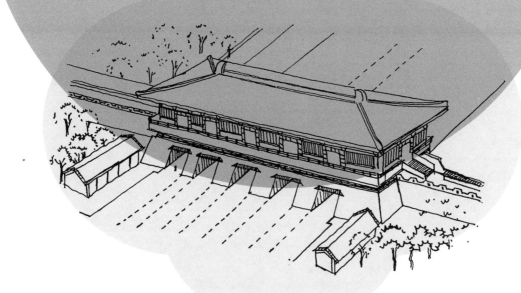

隋、唐至宋是中国封建社会的鼎盛时期，也是中国古代建筑的成熟时期。隋朝结束了三国、两晋、南北朝以来的长期战乱和南北分裂的局面，为封建社会经济、文化的进一步发展创造了条件。唐代是我国封建社会经济、文化发展的高潮时期，也是建筑技术和艺术得到了巨大发展和提高的时期。

　　唐代建筑成就如下：

　　唐代城市规模宏大，规划严整。都城长安是规划最为严整的里坊制城市典范。唐代建筑群的处理趋于成熟。唐代宫殿、陵墓等建筑群体的布局突破了汉代重要礼制建筑纵横对称的形式，更强调纵轴方向的空间序列，对后世直至明清的建筑群体布局都有深远的影响。在材料方面，木架建筑解决了大面积、大体量建筑的技术问题，并且已经定型，如大明宫麟德殿的面积相当于明清故宫太和殿的3倍。当时，木架结构特别是斗栱部分的构件形式及用料都已经规格化。另外，砖石建筑进一步发展，主要是砖石佛塔建筑增多。唐代砖石建筑有楼阁式、密檐式、单层塔三种，其代表分别为西安大雁塔、西安小雁塔、河南登封会善寺净藏禅师塔。在装饰方面，对建筑的艺术加工更加成熟，唐代建筑色彩明快端庄，琉璃瓦件增多。在技术方面，设计施工水平提高，出现了以建筑设计和建筑施工为生的技术人员"都料"。

第一节　隋唐长安、洛阳的规划

一、唐长安城

　　唐长安城的布局基本沿用了隋大兴城的规划，只是有所增添。唐长安城在总结前朝建都经验的基础上，加强了城市中轴线的作用，突出了城市的主体建筑，使城市布局完整统一。宫城居中，对称布置，仅宫城部分的面积（太极宫、东宫、掖庭宫）就是明清紫禁城的 6 倍。宫城南侧外加筑皇城，将政府机构、皇家建筑置于皇城内，从而形成官居分开的局面。长安城主体呈九宫格状，采用封闭的里坊制，中心方格偏小，南北划分为 4、4、5 段，东西划分为 3、4、3 段（需要强调的是里坊大小差别较大，有的小的 500 米见方，有的大的甚至可以达到 600 ~ 1100 米宽），唐长安城设立东、西市。唐高宗时大明宫落成，如果不算太液池[①]以北的内苑地带，遗址规模相当于明清紫禁城的 3 倍以上（图 5-1、图 5-2）。但是，长安城也存在诸多缺点，比如，土路在下雨时会变得泥泞不堪，街景单调，城市供水和漕运不便利。

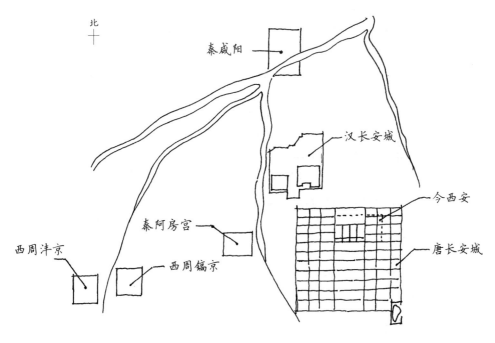

▲ 图 5-1　周、秦、汉、唐各朝代都城位置

① 大明宫中部的人造湖泊。

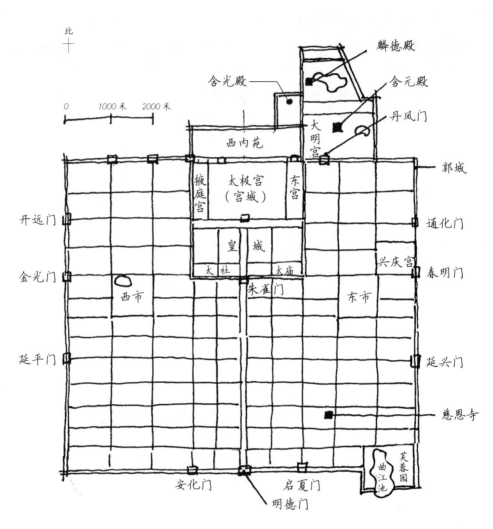

北

0   1000米   2000米

麟德殿

含光殿

含元殿

丹凤门

西内苑

大明宫

太极宫
（宫城）

掖庭宫

东宫

郭城

开远门

皇　城

通化门

太社   太庙

兴庆宫

金光门

春明门

西市

朱雀门

东市

延平门

延兴门

慈恩寺

安化门

启夏门

明德门

曲江池

芙蓉园

画图心得：唐长安城为规则的棋盘状城市，通过九宫格将城郭划分开，南北向4、4、5个格，东西向3、4、3个格。最后，将城门以及标志性建筑名称标在图上。

▲ 图5-2　唐长安城平面图

明德门是唐长安郭城的南面正门，与皇城正门朱雀门、宫城正门承天门遥遥相对。正对明德门的朱雀大街宽 150 米，是唐长安城的中轴干道。明德门是一座木构大门，由五个门洞组成。门墩东西长 55.5 米，南北宽 17.5 米，每个门道宽 5 米。每个门洞由 15 对直立的柱子和 15 道木梁架构成梯形城门的主体结构。门墩上面对应设置面阔 11 间，进深 3 间，带单檐四阿顶的城门楼，门楼下部设平座。门楼体量宏大，造型简洁，气势雄健，显现出初唐的建筑风貌（图 5-3）。

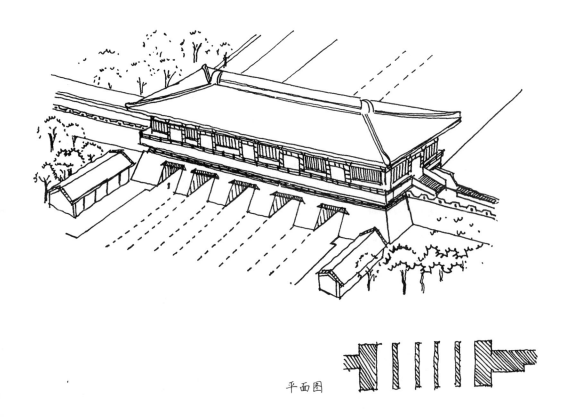

平面图

▲ 图 5-3 唐长安明德门

二、隋唐洛阳城

　　隋唐洛阳城遗址位于今洛阳市区及近郊，南望龙门，北依邙山，洛水横贯其间。隋唐洛阳城始建于隋炀帝大业元年（605 年），是隋、唐、五代和北宋时期的都城，前后沿用 530 余年。

　　隋唐洛阳城分为宫城、皇城、郭城、含嘉仓城、东城和上阳宫。东北部和南部是坊市居民区，商业贸易集中在城内的南市、北市、西市。三市皆依傍河渠，直通（隋唐）大运河，交通方便（图 5-4）。中轴建筑群中的"七天建筑"是中国古代最华丽的中轴建筑群，从南到北依次为：天阙（即龙门伊阙）、天街（定鼎门大街）、天津（天津桥）、天枢、天门（应天门）、天宫（明堂）、天堂。尤其经过武则天的营建后，洛阳城中轴线主殿为单层的传统被改变，使紫微城①的立体轮廓和风貌气势因此显得更加辉煌壮丽。

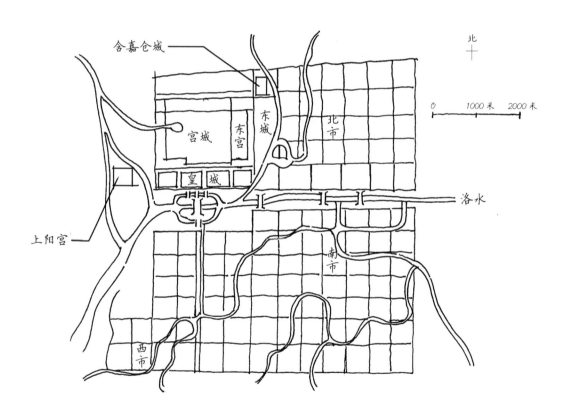

▲ 图 5-4　隋唐洛阳城平面图

———————————
① 指代洛阳的宫城。

第二节　唐代第一宫——大明宫

一、大明宫遗址

　　始建于贞观八年 634 年，大明宫遗址位于唐长安城宫城东北、龙首原之上。大明宫平面略呈梯形，占地面积约 3.2 平方千米。大明宫共有九座城门，南面正中为丹凤门，北面正中为玄武门。除正门丹凤门有五个门道外，其余各门均只有一个门道。在大明宫的东、西、北三面筑有与城墙平行的夹城，在北面夹城正中设重玄门，正对着玄武门。大明宫可分为前朝和内庭两部分：含元殿、紫宸殿、宣政殿为前朝主殿，主要用于举行朝会；麟德殿为内廷主殿，功能以居住和宴游为主（图 5-5）。

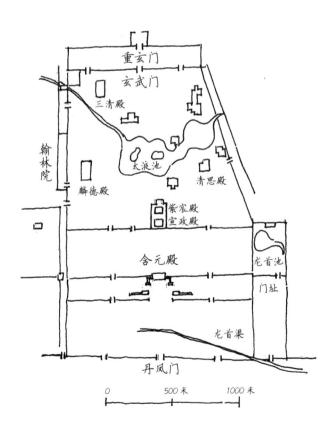

▲ 图 5-5　唐大明宫平面图

二、主殿——含元殿

含元殿属于大明宫的前朝第一正殿，建成于龙朔三年（663年），毁于僖宗光启二年（886年）。含元殿是当时唐长安城内最宏伟的建筑，是皇帝举行重大庆典和朝会的地方。大殿夯土台基高3米多，东西长75.9米，南北宽42.3米，大殿面阔11间，进深4间，各门宽5.3米。殿前东西两侧配有翔鸾、栖凤两座阁楼，并通过廊道在高台上相连。殿前有曲折的道路从高台通往平地，形状宛如龙尾垂下，故名龙尾道（图5-6、图5-7）。

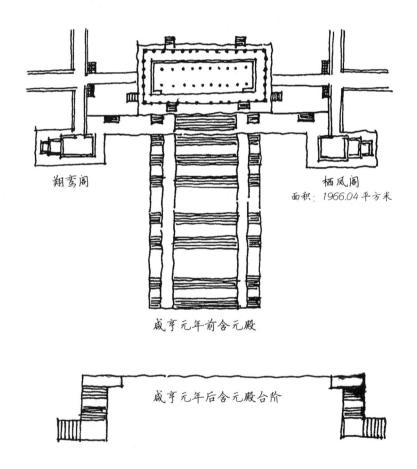

翔鸾阁

栖凤阁
面积：1966.04平方米

咸亨元年前含元殿

咸亨元年后含元殿台阶

▲ 图5-6　咸亨元年前含元殿平面图和咸亨元年后含元殿台阶

大明宫含元殿始建于唐高宗龙朔二年（662年），建成于龙朔三年四月，基址高出平地15.6米。终南如指掌，坊市俯而可窥殿下，墩台高10.8米。

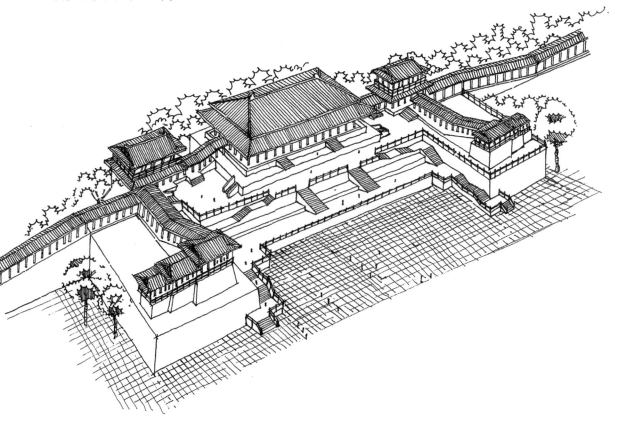

▲ 图5-7　唐大明宫含元殿

三、宴饮之所——麟德殿

麟德殿位于大明宫北部，太液池西侧的高地上，大约建于唐高宗麟德年间，故以"麟德"命名，为举行宴会和接见外国使节之所。建筑面积达12.3万平方米，其台基南北长130米，东西宽80余米，两层台基均安有望柱、构栏、螭首，为红、蓝、绿三色。屋顶不仅用了黑色陶瓦，还用了琉璃瓦。整组建筑的主体由前、中、后三栋建筑相互连接而成，周围再配备东亭、西亭、郁仪楼、结邻楼，主体与配殿之间有廊道连接（图5-8）。殿内使用莲花方砖铺地，可见当年麟德殿华丽至极。

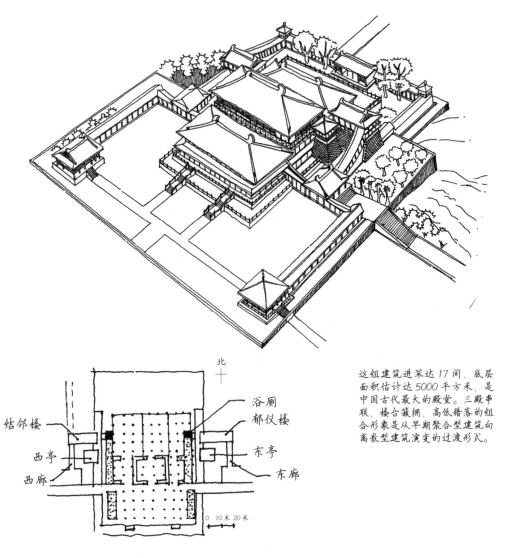

这组建筑进深达17间，底层面积估计达5000平方米，是中国古代最大的殿堂。三殿串联，楼台簇拥，高低错落的组合形象是从早期聚合型建筑向离散型建筑演变的过渡形式。

结邻楼
西亭
西廊
北
浴厕
郁仪楼
东亭
东廊
0 10米 20米

▲ 图5-8 唐大明宫麟德殿

第三节　隋唐佛寺

　　隋唐时期佛寺的主体部分仍然采用对称式布局，即沿中轴线排列山门、莲池、平台、佛阁、配殿以及大殿等。其中，佛殿已经逐渐成为全寺的中心，而佛塔则退居到后面或一侧，或双塔矗立在大殿、寺门前。同时，唐代出现了千手千眼的观音形象，又产生了刻有经文的石幢。此外，至少在晚唐的庙宇中，钟楼的设置已经成为定制。钟楼一般位于寺院中轴线的东侧。大约到明代中叶，佛寺才开始在钟楼西侧建立鼓楼，并将两者放在寺前山门附近。

一、南禅寺

　　南禅寺位于山西省五台县李家庄，重建于唐德宗建中三年（782 年）。唐武宗会昌五年（845 年）灭法，中国佛寺大都被毁坏，而南禅寺由于规模较小、地处偏僻，且州府县志和佛教经籍上均无记载，因此幸免于难，留存至今。南禅寺坐北向南，有山门、龙王殿、菩萨殿和大佛殿等主要建筑，围成一个四合院形式。除大殿是唐代原物外，其余几座殿宇都是明清时所建（图 5-9）。南禅寺大殿是目前发现最早的较为完整的木构殿堂，殿内佛像与殿宇都属于唐代。

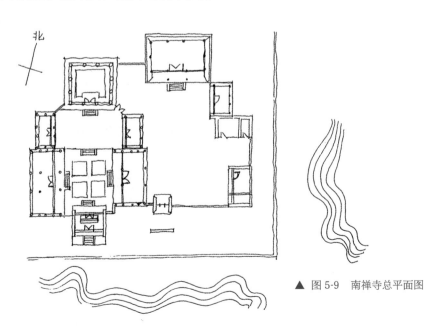

北

▲ 图 5-9　南禅寺总平面图

◆ 平面特点

南禅寺大殿较小，平面略微呈扁方形状（面阔略大于进深），面阔 3 间（11.75 米），进深 3 间（10 米），殿前月台宽敞。殿内没有柱子。在殿内中心偏后，有 0.7 米高的"凹"字形佛坛，沿坛可以通行，坛上有佛教造像 17 尊，都是唐代原塑（图 5-10）。

◆ 立面特点

大殿立面为一个标准正方形，高度为台基底部到螭头顶部的距离，宽度则为转角柱中线之间的距离。垂直方向可以分为三段，从上到下比例为 1 : 1/3 : 1（即 3 : 1 : 3）。大殿为单檐歇山顶，前檐明间为板门，两次间为破子棂窗。殿四周有檐柱 12 根，西山墙的 3 根抹楞方柱（图 5-10 中黑色的点）为唐代原物，其余都是圆柱。各柱微向内倾，角柱增高，侧脚、生起显著。柱间用阑额联系，无普拍枋，转角处阑额不出头（图 5-11）。

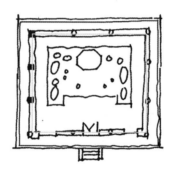

▲ 图 5-10　南禅寺大殿平面图

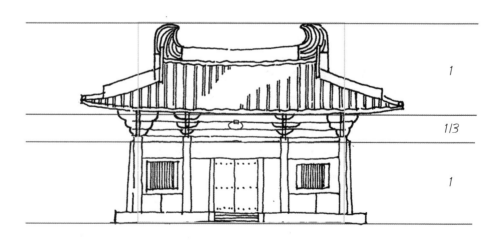

▲ 图 5-11　南禅寺大殿立面图

◆ 剖面特点

南禅寺大殿的剖面特点可以用一句话来概括：四架椽屋通檐用二柱。从剖面可以看出南禅寺屋顶平缓，举高和进深可以按1：4确定，屋身高度大概为屋架高度（举高）的3倍。建筑进深四架椽，每椽距离都相等。四椽栿插入斗栱的第二跳中，四椽栿上放置缴背，缴背伸出檐下砍成耍头，与令栱搭交承替木和撩檐槫，再上为驼峰、大斗、令栱、平梁。平梁两端有托脚，脊槫两侧用大叉手承托。这种构造做法是汉唐期间的古制，五代以后已不常见。柱头斗栱为五铺作（也就是前后各两跳），双抄（两个华栱）单栱（同一出跳方向上只有一个横栱）、偷心造（华栱之间没有横栱），前后檐华栱两跳都为足材（图5-12）。

南禅寺大殿剖面图

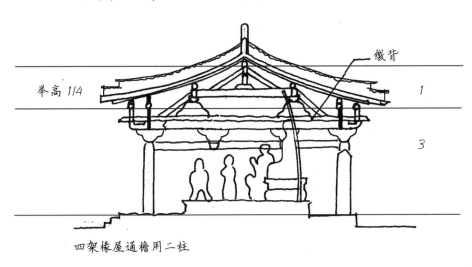

缴背

举高 1/4

1

3

四架椽屋通檐用二柱

▲ 图5-12　南禅寺大殿横剖、纵剖面图

二、佛光寺

　　山西省五台山佛光寺建在山坡之上，东、南、北三面环山，西面地势低下开阔，因而坐东朝西。全寺有院落三重，依次升高。文殊殿位于第一重院落中，为金代建筑；东大殿（即正殿）位于第三重院落中，为唐代建筑；寺中其他建筑均为明清时期的建筑（图 5-13）。

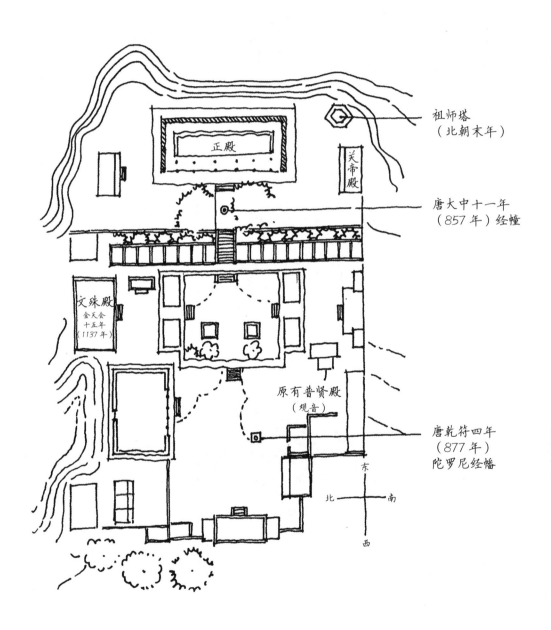

▲ 图 5-13　佛光寺平面图

佛光寺大殿建于唐大中十一年（857年），是中国目前发现的最早的、规模最大的古代建筑单体。大殿面阔7间，进深4间，进深8架椽。单檐四阿顶、平缓的屋面，以及粗壮的柱身、宏大的斗栱和深远的出檐，都给人雄健有力的感觉。

◆ 平面特点

大殿的平面采用"金箱斗底槽"的形式，即内外有两圈柱子，配合三角形屋架，起到抗震、抗风的作用。外槽沿左、右、后侧设置4层罗汉座，内槽设置佛台。需要注意的是，古代的门一般向内开，取气、财不外漏之意（图5-14）。

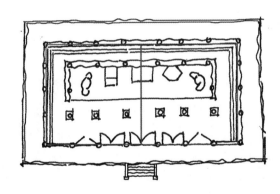

▲ 图5-14　佛光寺东大殿平面图

◆ **立面特点**

　　大殿立面由两个近似的正方形构成，高度为台基底部到鸱吻顶部距离，宽度则为转角柱中线之间的距离。纵向可以分为相等的三段，檐口刚好位于第二段中间。斗栱的高度约为柱高的 1/2，5 个开间相等，立面也趋于正方形，开间符合"明间＝次间＝梢间＞尽间"的规律。柱子上端有卷杀，檐柱有侧脚（外槽向内倾斜 89.5 度）及生起（柱子使用生起做法，八根柱子越到边上越高，每个高起 2 寸）。正脊占据 3 个开间，为典型的凹曲线（山西的历代建筑大多习惯采用这种做法）。门窗用直棂窗，吻为鸱尾，没有仙人走兽（图 5-15）。

画图心得：佛光寺大殿总高为檐柱的 3 倍，檐口高约为檐柱的 1.5 倍。该殿以四椽栿月梁为中心，上下各 4 层。上为 4 层梁架，下为 4 层栱，所以先画四椽栿月梁，然后分别画上下 4 层。

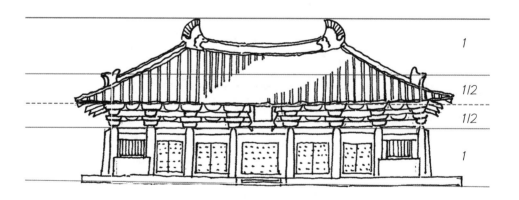

▲ 图 5-15　佛光寺东大殿立面图

◆ **剖面特点**

南禅寺大殿的剖面特点可以用一句话来概括：前后乳栿对四椽栿用四柱。屋顶举高和进深之比为1/4.77（画图的时候可以按照1：4来确定）。屋身高度大概为屋顶举高的2倍（唐、宋殿堂建筑都按屋顶举高的2倍来确定屋身高度）。佛光寺大殿的构架为殿堂型构架，有四层梁，分明栿、草栿两层。脊槫下没有侏儒柱，仅靠叉手支撑，是现存木建筑中的孤例。天花用平暗，平暗的格子很小，对比之下令人感觉室内空间的尺度很大。柱头铺作为双杪双下昂，补间铺作少一跳昂，内转改为偷心造（不设横栱），由于佛像的圆光罩很占地方，设横栱则放不下，故全部采用偷心造，建造十分灵活（图5-16）。

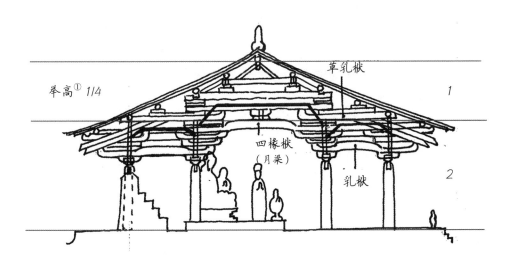

▲ 图5-16　南禅寺东大殿剖面图

---

① 举高指的是屋顶高度与进深尺寸之比，屋顶最高点取脊檩下皮，最低点取挑檐檩下皮，进深分别取前后檐柱中心线之间的距离。除明清建筑之外，其他朝代建筑进深都可以等分。

三、悯忠寺（寺院组群）

悯忠寺在唐景福年间（892—893 年）经过重修，寺庙分为三路，中路沿纵轴线排列数重殿阁，以二、三层楼阁作为全寺中心，通过楼阁和横廊之间的连接，将整个寺院划分成几进院落。左右两路对称排列着若干较小的"院"，按其供奉内容或使用性质，命名为药院、大悲院、菩提院、罗汉院、法华院、净土院、塔院、阁院、方院、山庭院等，院数多达数十个（图 5-17）。

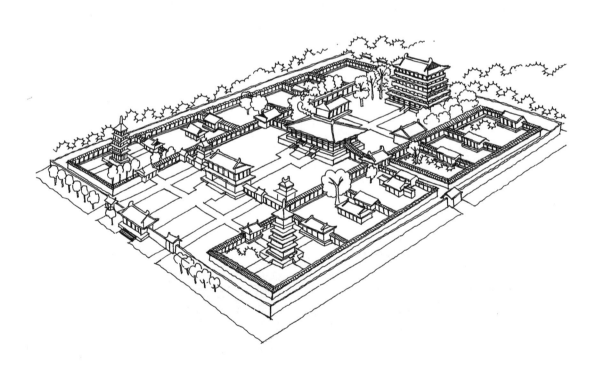

▲ 图 5-17 悯忠寺建筑群

第四节　隋唐五代佛塔

一、大慈恩寺大雁塔

　　大雁塔始建于唐永徽三年（公元652年），武则天长安年间重修，位于唐长安城大慈恩寺，由塔基、塔身、塔刹三部分组成。大雁塔为四方形楼阁式塔，虽然由砖砌成，却仿木结构的样式，柱子、阑额、檐、椽都雕刻得清晰可见。全塔通高63.25米，塔基高4.2米，塔身底层方形边长25.5米（图5-18）。

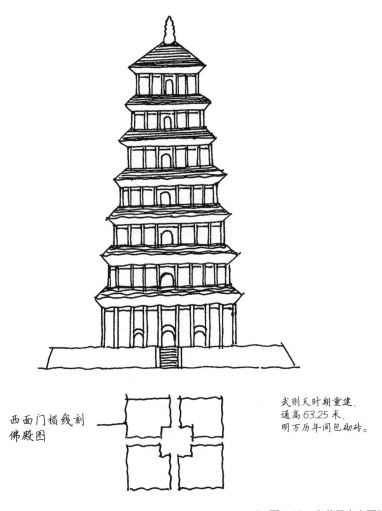

西面门楣线刻
佛殿图

武则天时期重建，
通高63.25米，
明万历年间包砌砖。

▲ 图5-18　大慈恩寺大雁塔

二、荐福寺小雁塔

小雁塔位于唐长安城荐福寺内，又称荐福寺塔，建于唐景龙年间（707—710 年），与大雁塔同为唐长安城保留至今的重要标志性建筑。小雁塔是方形密檐式砖塔的典型代表，原有 15 层，现存 13 层，高 43.3 米，塔形秀丽，巧妙地融合了印度和古代中国中原地区的建筑特色（图 5-19）。

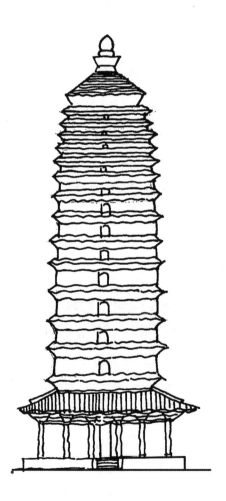

荐福寺小雁塔建于
唐中宗景龙元年（707 年），
15 层密檐，
残高 43.3 米。

▲ 图 5-19 荐福寺小雁塔

三、栖霞寺舍利塔

　　建于五代南唐时期（937—975 年），位于南京市栖霞山的栖霞寺舍利塔为 5 层八边形的密檐式塔，由塔基、塔身、塔刹三部分组成，通高 18 米，全用白色石灰岩砌造。塔基就是一个台座，有 3 层，自下而上为基座、须弥座和仰莲座。塔身 5 层，每层均出檐深远，檐口呈曲线。第一层较高，约 3 米，仿木结构，雕刻出柱枋、斗栱、椽子等结构。南北两面雕石门，门柱上镌刻经文。第二层到第五层高度逐层降低，各层的 8 面都雕出两座圆拱状石龛，龛内各有一坐佛浮雕。塔刹 5 层，均有莲花雕饰（图 5-20）。

建于五代南唐时期，
塔高 18 米，
为江南密檐塔。

▲ 图 5-20　栖霞寺舍利塔

四、神通寺四门塔

神通寺四门塔是一座小巧的单层塔。单层塔大多用作墓塔，或者用于供奉佛像。四门塔建于隋代大业七年（611年），塔高15.04米，平面呈方形，每面宽7.38米，塔室中有方形塔心柱，四面雕刻佛像，立面中央各开一个圆拱门。塔檐为叠涩5层，向上收成四角攒尖顶，塔刹为山花蕉叶托相轮（图5-21）。

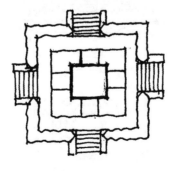

建于隋大业七年，
是我国最早的亭阁式塔（单层塔），
通高15.04米。

▲ 图5-21 神通寺四门塔

五、海慧院明惠禅师塔

海慧院明惠禅师塔建于唐乾符四年（877年），塔平面呈正方形，通高6.5米，边长2.21米。通体由塔基、塔座、塔身、塔檐、塔刹五部分组成。方形塔基仿木枋交错，塔座为束腰须弥座，束腰部分每面雕刻四个壶门，门内为石雕。塔身南侧中央开长方形门洞，洞顶为半圆形券，门窗之上有浮雕垂幔纹样。塔身内有方形小屋，四壁素面无雕饰。塔檐为石雕屋顶，四面坡样式。塔刹高耸繁复，分上下四层，由束腰、山花蕉叶和覆钵、宝珠组成（图5-22）。

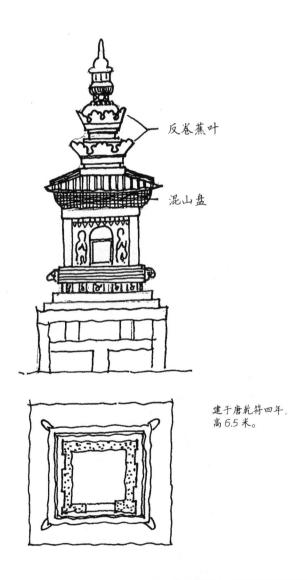

反卷蕉叶

混山盘

建于唐乾符四年，高6.5米。

▲ 图 5-22 海慧院明惠禅师塔

第五节　隋唐园林

隋唐是中国园林的全盛期，这时的园林充满活力，已经具备了后代园林的特征。

一、隋唐长安禁苑

长安禁苑在隋代被称为大兴苑，唐代改名为禁苑，位于唐长安城之北，与西内苑和含光殿相连。禁苑占地面积大，树木茂密，东西长13.5千米，南北长11.5千米，除供游憩外，还作狩猎和种植蔬果、养殖禽鱼之用。苑内设东、西、南、北四"监"，分掌各区种植及修葺。苑中有建筑24组，见于文献记载的有鱼藻宫、梨园等（图5-23）。同时，苑内驻扎着大批禁军，护卫京师安全。

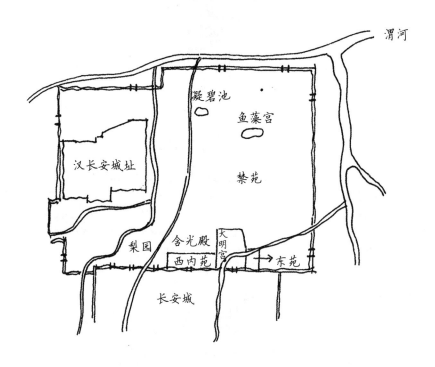

▲ 图5-23　隋唐长安禁苑平面图

二、唐长安兴庆宫

兴庆宫又称"南内",东西宽 1080 米,南北长 1250 米。宫内呈北宫南苑格局。南苑以龙池为中心,池西南建有"花萼相辉楼""勤政务本楼"两座主殿(图 5-24)。池北偏东堆土山,上建沉香亭,土山周围遍种红、紫、淡红、纯白诸色牡丹花,成为唐长安城内赏花、品花的绝佳去处。

▲ 图 5-24　唐长安兴庆宫平面图

第六节　唐代陵墓

一、唐关中十八陵

唐代共历289年，21位皇帝，因唐高宗李治与女皇武则天合葬于乾陵，所以共有20座陵寝。除昭宗李晔的和陵和哀帝李柷的温陵分别在河南偃师和山东菏泽外，其余18座陵墓都分布在陕西省乾县、礼泉、泾阳、三原、富平、蒲城6县，东西绵延100余千米，与渭水和汉九陵几乎成三条平行线（图5-25）。

唐代陵墓遵循上下宫制度：上宫为陵园，内部建有献殿，用于祭祀；下宫为在山下设置的宫殿，用于居住和贮存食物。唐陵有四个陵门，和汉代相似，但陵前的神道加长，门阙和石象生增多，成为后代神道布置的蓝本。

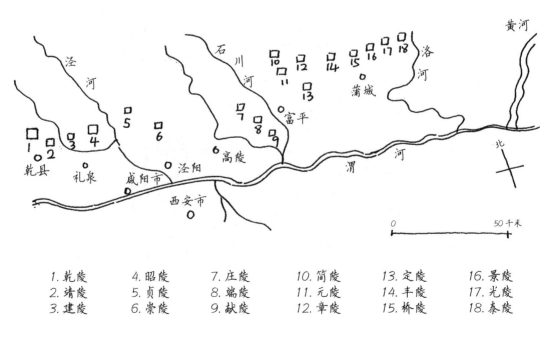

1. 乾陵	4. 昭陵	7. 庄陵	10. 简陵	13. 定陵	16. 景陵
2. 靖陵	5. 贞陵	8. 端陵	11. 元陵	14. 丰陵	17. 光陵
3. 建陵	6. 崇陵	9. 献陵	12. 章陵	15. 桥陵	18. 泰陵

注：2、7、8、9是封土为陵，其余是依山为陵。

▲ 图5-25　唐关中十八陵分布图

二、唐乾陵

唐乾陵是唐高宗李治和女皇武则天的合葬墓,位于陕西乾县梁山。乾陵依山为陵,以梁山主峰为陵山,墓室位于梁山中,梁山前的双峰高度低于主峰,在其上建阙,不仅强调了神道,而且使整个陵区恢宏壮观。梁山之上建方形陵墙,四面辟有陵门。神道从南面朱雀门向南延伸4千米,设三道门阙,从南向北依次为残高8米的土阙一对,双峰顶端对峙的双阙,以及南陵门[①]前相对的双阙。第二道门阙和第三道门阙之间,依次排列着成对的华表、翼马(飞龙马)、朱雀、石人石马、无字碑,以及述圣记碑。陵园内有献殿[②]主要用于祭祀活动(图5-26)。

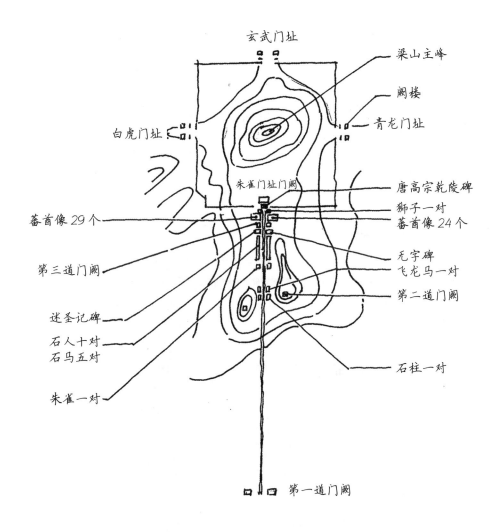

▲ 图5-26　乾陵总平面图

---

① 南陵门即朱雀门址。
② 献殿位于梁山主峰下。

三、唐永泰公主墓

　　永泰公主是唐中宗李显的第七个女儿，唐高宗李治和武则天的孙女。永泰公主墓是乾陵 17 座陪葬墓之一，陪葬墓中还有章怀太子、懿德太子墓。永泰公主墓为封土堆样式，具有陵的规模。四面有陵墙包围，南面开阙门，阙门前列有石狮、石人、华表各一对。砖砌墓穴由墓道、过洞（天井和天井之间的空间）、天井、水沟、墓室构成。墓道是一条宽约 2 米的斜坡，墓道两旁墙壁上有 6 个小龛，里面放着彩绘陶俑、骑马俑、三彩马及陶瓷器皿等随葬品，造型逼真、工艺精湛。从墓道到墓室还绘有丰富多彩的壁画，墓室壁上线刻着 15 幅仕女画，展现了当时宫廷生活的情景（图 5-27）。

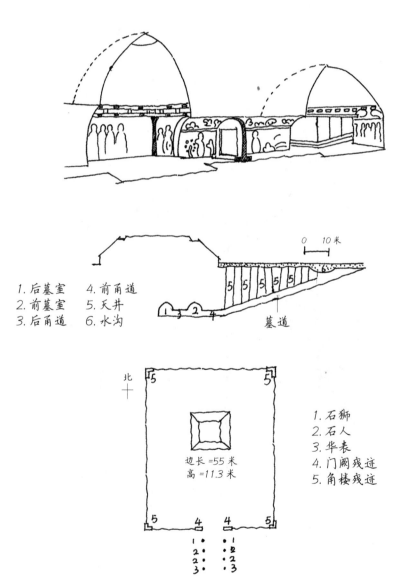

1. 后墓室　4. 前甬道
2. 前墓室　5. 天井
3. 后甬道　6. 水沟

墓道

0　10 米

北

边长 =55 米
高 =11.3 米

1. 石狮
2. 石人
3. 华表
4. 门阙残迹
5. 角楼残迹

▲ 图 5-27　唐永泰公主墓

第七节 隋唐五代住宅

　　隋唐五代时期尚无住宅实物遗存被发现。通过文献资料可知，该时期住宅具备以下特点：具有严格的等级制度；虽然唐代的廊院式庭院还在延续，但已经向合院式发展；受魏晋以来崇尚山水的风气影响，唐代人将山水搬到了庭院当中，构成富有情趣的小庭院。

一、敦煌莫高窟第 85 窟壁画中的晚唐宅院

　　壁画当中展现的晚唐宅院为前后两进廊院，前院横扁，主院开阔，在前廊、中廊正中分设大门和中门，大门高两层，中门高一层。主院正中建两层高的主体建筑，主体建筑、大门、中门形成轴线关系。主院右侧修建有半围合的厩院，反映出盛唐时期达官显贵的豪宅大院和他们出门不离车轿的生活状态（图 5-28）。

▲ 图 5-28 敦煌莫高窟第 85 窟壁画中的住宅

二、王休泰墓出土陶院

　　王休泰墓是位于山西长治的一座唐代（唐大历六年 771 年）墓葬，其中出土了一组陶院落。院落分三进，第一进为主院，有门、照壁、堂和东西厢房；第二进有正屋和东西厢房，正屋和厢房都朝向南面，院内还有灶，屋顶为悬山顶；第三进院落只有后房，屋顶为单坡顶，可能为马厩或仆人居所（图 5-29），说明唐末上流社会比较钟爱廊院式住宅。

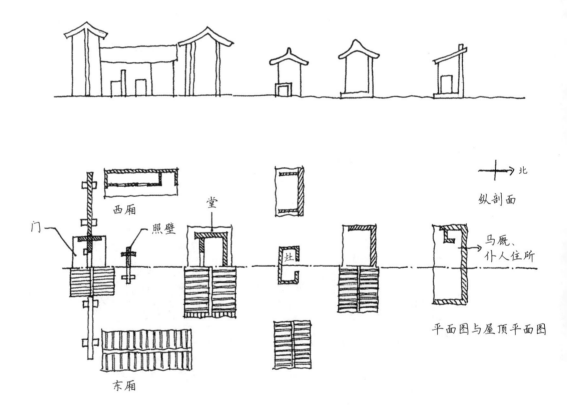

▲ 图 5-29　王休泰墓出土陶院

第八节　隋代石桥

赵县安济桥

安济桥（赵州桥）由隋朝匠师李春在大业年间（605—617年）建造，是位于河北省石家庄市赵县境内的一座石拱桥，是世界上现存年代最久远、跨度最大、保存最完整的单孔敞肩石拱桥（图5-30）。

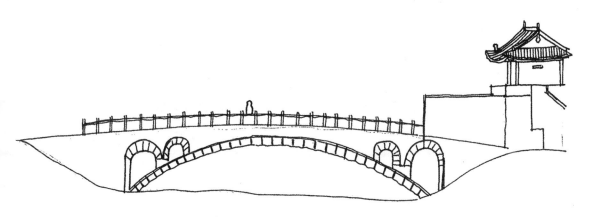

▲ 图5-30　赵县安济桥

第九节　建筑技术、艺术的成熟期

一、唐代屋顶及屋脊

　　在唐代建筑屋顶中，庑殿顶、歇山顶、悬山顶、攒尖顶、盝顶以及重檐屋顶等已经出现。唐代檐口有"有角翘"和"无角翘"两种做法。李寿墓壁画上的楼阁，屋顶全有明显的角翘，而韦洞墓壁画上的两重府门，却是前座檐口平直而后座檐口起翘（图5-31）。

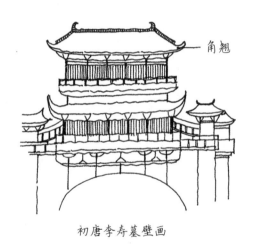

初唐李寿墓壁画

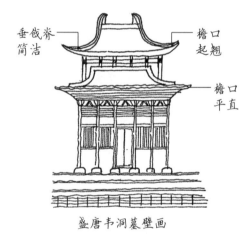

盛唐韦洞墓壁画

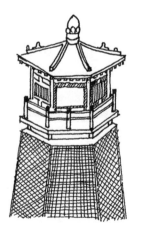

敦煌莫高窟中唐第359窟壁画

▲ 图5-31　唐代屋顶形式

初唐屋顶的垂脊、戗脊都很简洁, 脊端未见垂兽、戗兽、走兽, 正脊两端鸱尾简洁, 尾尖向内弯曲; 中唐时, 鸱尾向张口吞脊的鸱吻转变(图5-32)。

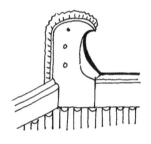

西安大雁塔门楣石刻鸱尾(初唐)

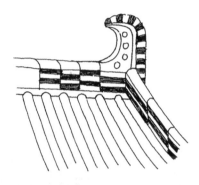

敦煌莫高窟初唐第220窟壁画

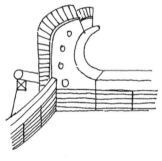

敦煌莫高窟盛唐第126窟壁画

佛光寺大殿元代仿唐鸱吻

唐大明宫麟德殿前出土鸱尾(初唐)

▲ 图5-32 唐代脊饰形式

二、唐代斗栱

初唐时期，斗栱逐渐成熟。正心部位在栌斗上由栱与枋叠加而成，斗栱多为偷心样式，令栱不带散斗。

盛唐时期，斗栱已经进入成熟状态，种类增多，形制丰富，承重的功能被发挥得淋漓尽致。斗栱已经出现逐跳计心的做法，补间铺作已经出跳。

中唐时期，由于当心间加宽，因此补间铺作可以做到两朵，这样可以有效防止撩檐槫的下垂（图5-33）。

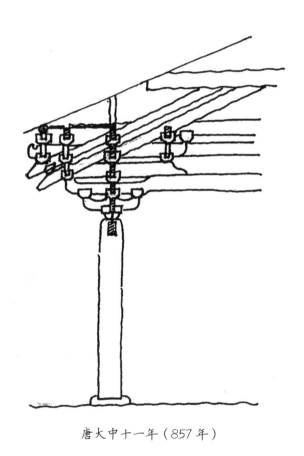

唐大中十一年（857年）

▲ 图5-33　唐代佛光寺柱头斗栱

三、唐代经幢

唐代开始在八角形石柱上刻陀罗尼经文，用以宣扬佛法。这种构筑物叫作经幢。经幢由基座、幢身、幢顶三部分组成。宋辽时得到极大发展，元代以后逐渐消失。

唐代的经幢形体粗壮，装饰简单。山西五台山佛光寺的经幢建于唐大中十一年，位于寺庙东大殿前，基座是正方形土衬石，上方安置须弥座。须弥座下端用覆莲，上端用仰莲，束腰部分雕六只石狮。须弥座上立八角形幢身，通高 2.8 米，上刻陀罗尼经文。幢身上端为八角宝盖，每面悬璎珞一束，宝盖上面是八角矮柱，矮柱上面的部分已经不复存在（图 5-34）。

渤海石灯位于渤海国（698—926 年）上京故城，今牡丹江市。石灯通高 5 米多，基座为八角形须弥座，须弥座上为莲瓣覆盆，上面竖有卷杀的柱身。柱上为仰莲，承托八角形的灯室，幢顶类似于塔刹。整个石灯比较壮硕，巍然屹立，凝重端庄，虽经历了千余年的风剥雨蚀，仍然保存得相当完好（图 5-35）。

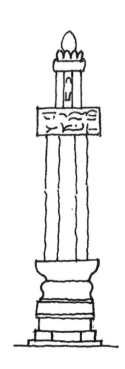

▲ 图 5-34　唐代佛光寺大中十一年经幢

▲ 图 5-35　唐代渤海上京城石灯

四、唐代台基、勾阑

◆ 唐代台基

根据目前所发现的建筑遗存和相关文物，唐代台基按形式可以分为三种类型：第一种是素方台基，西安大雁塔门楣石刻上的佛殿台基和现存南禅寺大殿、佛光寺大殿的实物台基都是这种形式，敦煌壁画中可以看到砖砌周边设散水的素方台基形象；第二种是上下枋台基，类似于须弥座样式，将上枋、下枋和间柱突出；第三种是须弥座台基，初唐时，须弥座轮廓还比较简单，均为直线叠涩挑出，从中唐以后，开始在束腰上下施加仰、覆莲形式（图 5-36）。

◆ 唐代勾阑

唐代勾阑为石制栏杆或木制栏杆，由望柱、寻杖、盆唇、地栿等构件组成，望柱为白色的石材，其他构件涂成红色，一般比较精致的勾阑会修建于临水台基之上（图 5-37）。

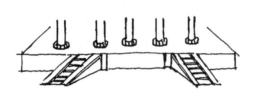

大雁塔门楣石刻佛殿台基

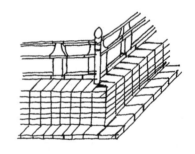

敦煌莫高窟初唐第 71 窟壁画

▲ 图 5-36　唐代台基

▲ 图 5-37　唐代临水台基上的勾阑

五、唐代家具

　　唐代是一个包容的时代，这一点在唐代的生活方式中得到了很好的体现。在唐代，席地而坐和垂足而坐两种生活方式是同时存在的，所以低型家具和高型家具也是同时存在的。低型家具包括床、榻、几、案等，高型家具有方桌、长桌、靠背椅、扶手椅、圈椅、圆凳、长条椅等。唐代家具在构造方面主要为箱形壶门结构，但也有部分家具为梁柱式框架结构。在唐代，低型家具逐步向高型家具转变，家具箱形壶门结构也开始向梁柱式的框架结构慢慢转变（图 5-38）。

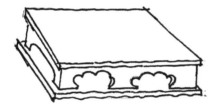

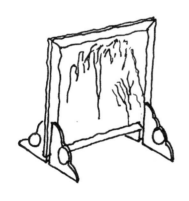

▲ 图 5-38　唐代家具

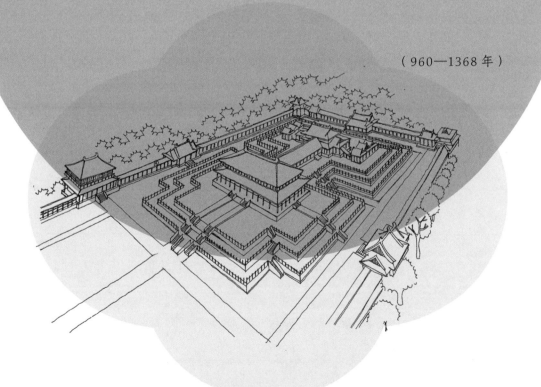

第六章

宋、辽、金、元——
建筑风格的新发展阶段

（960—1368 年）

北宋结束了五代十国政权割据的局面，960—1120 年，北宋与契丹辽国对峙；1120—1234 年，与女真金国对峙，这种局面直至蒙古灭金与元朝入主中原为止。

宋代的建筑成就如下：

城市结构和布局发生了变化，里坊制和宵禁制被取消，转而变成开放的街巷制，形成了商业城市的面貌。

建筑群体空间组合进一步发展了隋唐以来强调纵深的做法，以衬托出主体建筑。一些单体建筑的体量及屋顶的复杂组合，显示了极高的建筑技艺。

在材料方面，木架建筑采用了古典的模数制度。政府颁布了由将作监李诫所著的关于建筑预算定额的《营造法式》，其中，把"材"作为建造房屋的尺度标准，"材"共分八等，直到清代都沿用了相当于"材"的模数办法，直至清代。另外，砖石建筑的水平达到了新的高度，这时的砖石建筑主要是佛塔，其次是桥梁。

建筑装饰方面有了很大发展。彩绘丰富多样，共分为九种类型。室内已主要采用木装修。

在著作方面，《营造法式》中列举了 42 种小木作，充分说明了宋代木装修的成熟和发达。

在园林方面，园林兴盛，宋代建造了大量的宫殿园林，艮岳更是皇家园林的经典之作。

元代的建筑成就如下：

元代在建筑上的一个重大成就是大都城的兴建，其规划人是刘秉忠和也黑迭儿丁，城市水系的设计者为郭守敬。

在建筑群上，元代城市为突出钟鼓楼的地位，多将其置于市中心或城市的中轴线上，许多小城市建"市楼"作为商业中心的标志。

在材料方面，元代的木构架建筑趋于简化，用料和加工都比较粗放自由，斗栱缩小，柱与梁多直接连接，移柱造和减柱法颇为常用。

其他方面，天文建筑有了很大发展。河南登封建造的观星台是中国现存最早的天文台。各种宗教建筑异常兴盛，如山西洪洞广胜下寺（佛教）、山西永济永乐宫（道教）。北京的妙应寺白塔（藏传佛教）是一座喇嘛塔，由尼波罗国（今尼泊尔）工匠阿尼哥设计建造。

第一节　都城、府城概况

一、北宋东京汴梁城

北宋东京汴梁城是在唐代汴州城的基础上扩建而成的，后周时，汴梁已经拥挤不堪，因此，北宋时加筑外城。汴梁是大运河上的重要城市，经济和商业非常繁荣。北宋汴梁城有以下特点。

1. 由三重城墙[①]组成，宫城在皇城偏北，开创了宫城前御街千步廊制。

2. 四水贯都，主要有五丈河、金水河、汴河、蔡河，所以交通以水路为主。

3. 由于城市经济发生了重大转变，里坊解体，自由街巷制形成，因此，服务业、商业得到了发展，出现了夜市、瓦子、旅店、饭店等。

4. 消防制度的建立是汴梁城的一大特色。城内建筑密度很大，防火问题突出，北宋时就设立了专门的消防队和瞭望台，还有防火设施和绿化带（图6-1）。

二、南宋临安城

南宋临安城就是现在的杭州，古代也曾被称为钱塘，城内有茅山河、西河、大河[②]、小河四条河道。临安城整体呈"坐南朝北"的特殊布局。皇宫位于南端，丽正门为南门，和宁门为北门，从和宁门向北延伸出一条御街，御街与城内主要河道平行，分为南、中、北三段。其中，南段西侧设三省、六部等中央官署，东侧为宫市（由官府经营的专卖商品的机构）；中段和北段为繁华的商业街。与御街垂直相交的是四条通向城门的东西向干道，它们与御街一起构成了全城的干道网（图6-2）。

---

① 三重城墙分别为外城、内城、宫城。
② 大河在茅山河的南边。

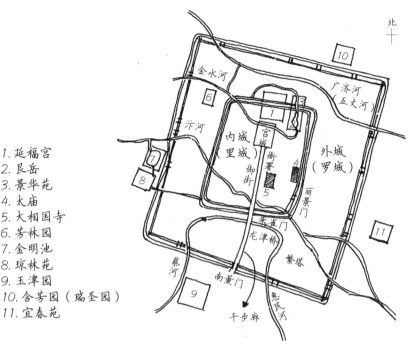

1. 延福宫
2. 艮岳
3. 景华苑
4. 太庙
5. 大相国寺
6. 芳林园
7. 金明池
8. 琼林苑
9. 玉津园
10. 含芳园（瑞圣园）
11. 宜春苑

▲ 图6-1　北宋东京汴梁城平面图

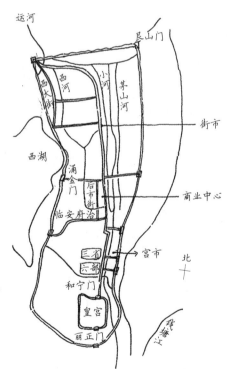

绍兴八年（1138年），南宋正式
定都于此，取临时安国，不忘复国
之意。隋初建州城，吴越以州城为
内城，加筑罗城，改州治为子城。
吴越奠定了腰鼓式格局。

▲ 图6-2　南宋临安城平面图

三、宋平江府城

平江府城是今天的江苏省苏州市，是北宋末期和南宋时期的城市。绍定二年（1229年），郡守李寿朋主持把平江府城平面图刻于石碑上，该石碑被通称为"平江府城图碑"。从碑图上我们可以了解宋代城市的布局以及风貌。

碑图显示，平江府城有外城、子城两套城墙。外城呈长方形，有五座水陆并列的城门。子城在外城中部，平江府衙位于子城中。平江府城河网纵横、密集，街巷多与河道平行，主要街道多是"两路夹河"格局，巷道则是"一河一路"并列。子城以北大片居住区划分出南北向的道路与东西向的联排街巷，后来的元大都和明清北京的胡同就是继承了这种布局。子城以南地段街道多为网状方格，真切地反映了唐代里坊制向自由街巷制转变的过程（图 6-3）。

四、辽中京城

辽代有五京制度。辽初期以上京作为首都，中期后，政治中心转移到中京。辽中京城遗址在今天的内蒙古宁城县，建于辽统和年间。中京城布局仿照北宋东京城，有外城、内城、宫城三套城墙。全城规整对称，从宫城正门昌合门至外城正门，和北宋东京城相似，有御街一道（也就是图上昌合门至南城之间的这段），宽 64 米，构成城市中轴线（图 6-4）。因辽代统治者崇奉佛教，在全国大量修建佛寺，在外城南部的东北角，就有一座感圣寺。寺内有密檐式砖塔。

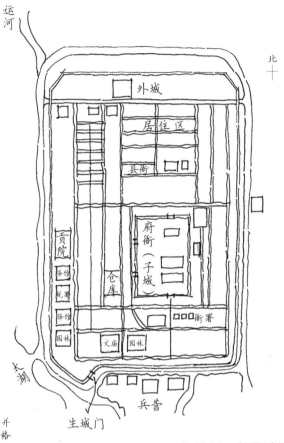

平江府有5座城门，都是水陆门并列。主要街道多是"两路夹河"格局，巷道则是"一河一路"并列。

▲ 图6-3　宋平江府城平面图

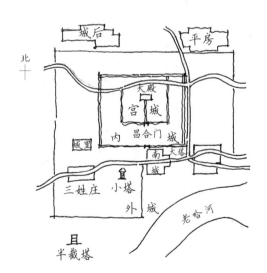

▲ 图6-4　辽中京城平面图

五、金上京城

金代效仿辽代也设五座都城，金初期以上京会宁府作为首都，城址在今黑龙江省阿城附近。金上京城始建于金太宗天会二年（1124年），扩建于金熙宗皇统二年（1142年）。贞元元年（1153年），金海陵王迁都中都，下令烧毁宫殿作为耕田，上京遭灭顶之灾。

金上京分南北二城，纵横相接呈曲尺形。虽然夯土城墙遭严重损毁，但从残垣可以看出当时的9座城门。宫城位于南城西北部，宫城午门内中轴线上排列着五座宏伟的殿堂，宫殿采用了黄、绿琉璃瓦，殿堂两侧有长380余米的回廊。北城则是手工业、商业和居民的聚集地（图6-5）。

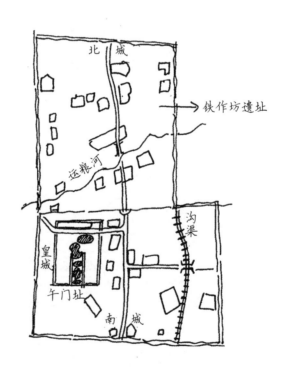

▲ 图6-5 金上京城平面图

六、金中都城

金中都是金代后期的都城，位于元大都西南侧，明清北京城的广安门附近。金天德三年（1151年），金海陵王对辽燕京城（即辽南京城，辽代实行五京制）进行扩建，贞元元年（1153年）时，将首都从上京会宁府迁到了中都大兴府。

金中都城（图6-6）仿照北宋东京城进行规划，有三套城墙，外城近方形，东西长约4900米，南北长约4530米。东、西、南城墙每面开3个城门，北面开4个城门。外城东、西、南、北分别建日、月、天、地四坛。皇城紧贴外城北边城墙修建。宫城紧贴皇城南边城墙修建，位于外城中部略偏西，平面呈长方形。由于金中都城是在辽燕京城基础上扩建而成的，因此，中都城中不仅有里坊的形式，还有大街两侧的平行联排街巷，这点和宋平江府如出一辙。

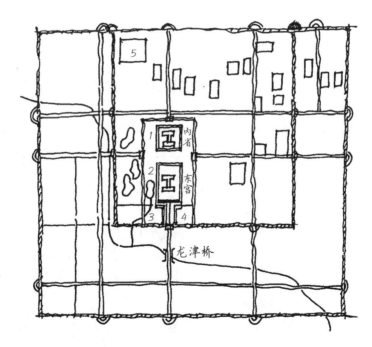

1. 仁政殿
2. 大安殿
3. 六部三省
4. 太庙
5. 长春宫

▲ 图6-6 金中都城平面图

图解中国古代建筑史

七、元大都城

元保留了金中都旧城，在金中都东北角另筑新城大都（图 6-7）。元大都由外城、皇城、宫城三重相套的城墙组成。元大都是历代都城中最接近于《周礼·考工记》所述的王城之制的城市，布局方整规则，前朝后市，左祖右社，道路整齐笔直，西、东、南城墙各有三个城门（北城墙比较特殊，开有两个门）。水系设计尤为突出，从西山和玉泉山引来水流，开发了两个系统的河湖水系，不规则的水系与规则的道路网形成鲜明对比，这样的规划突出了都城的壮观景象（图 6-8）。

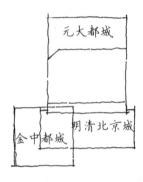

▲ 图 6-7　金、元、明清北京城演变图

1. 御苑
2. 宫城（大内）
3. 兴圣宫
4. 太子宫
5. 隆福宫
6. 中书省
7. 大庆寿寺
8. 城隍庙
9. 社稷
10. 崇国寺
11. 北中书省
12. 万宁寺
13. 孔庙
14. 国子监
15. 枢密院
16. 御史台
17. 太庙
18. 太史院

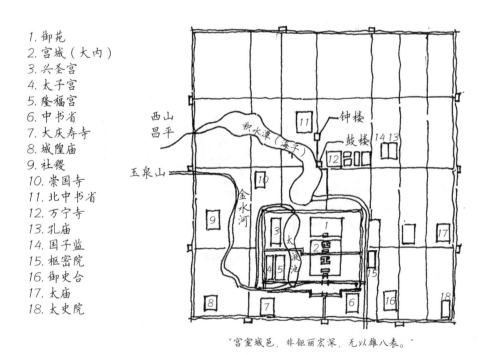

"宫室城邑，非钜丽宏深，无以雄八表。"

▲ 图 6-8　元大都城平面图

第二节　宋、金、元宫殿

一、北宋汴梁宫殿

　　北宋汴梁宫城由连接东、西华门的横街划分为南北两部分。正门宣德门的形制与明清紫禁城午门极为相似，但又有汉唐城门阙楼的影子。纵向有两条轴线，第一条轴线是宫城中轴线，中轴线南部建大朝大庆殿，北部建日朝紫宸殿，紫宸殿偏离中轴线。第二条轴线位于中轴线西侧，南部为日朝性质的文德殿，北部为常朝性质的垂棋殿。正殿均采用工字殿，对金、元宫殿产生很大影响（图6-9）。

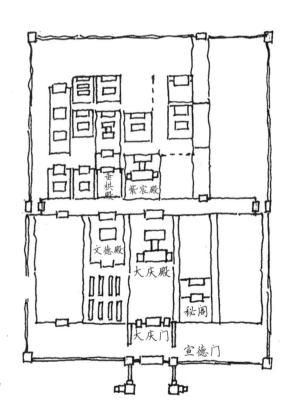

▲ 图6-9　北宋汴梁宫殿平面图

二、金中都宫殿

金中都宫殿是仿照北宋汴梁宫殿建造的，也是由横街划分为南北两部分。宫城正门应天门与汴梁宣德门一样为倒凹形阙门，门前为"丁"字形广场，广场周边建长廊。中轴线进行了调整，从而使大安殿与仁政殿在中轴线上对齐。大安殿面阔 11 间，殿前东西庑建广祐楼、弘福楼，仁政殿前东西庑建鼓楼、钟楼，开创了宫殿东西庑建楼的先例（图 6-10）。

三、元大都大内宫殿

元大都宫城在皇城东部，位于外城中轴线上。其位置相当于明清紫禁城向后略挪一段距离，但规模相差无几。宫城与北宋汴梁城、金中都城的布局有相似也有区别。相似之处在于：宫城正门崇天门为倒凹形阙门，东、西华门形成的横街也将宫城分为前后两部分。区别在于：宫前广场从宫城正门崇天门移到皇城正门棂星门前，并在棂星门与崇天门之间设置第二道广场，这就是日后紫禁城的门前广场的雏形。中轴线前后分别放置工字殿——大明殿和延春阁，各形成一组宫院。两组宫院都是东西庑，均建有钟楼、鼓楼，形制基本相同。宫院中的大殿坐落于三重"工"字形大台基上，主殿和寝殿通过柱廊连接，寝殿左右带挟屋，后出抱厦（抱厦即龟头屋，是一种山花向前的歇山式建筑）（图 6-11）。

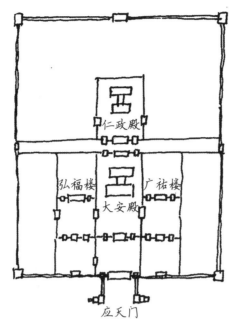

▲ 图 6-10　金中都宫殿平面图

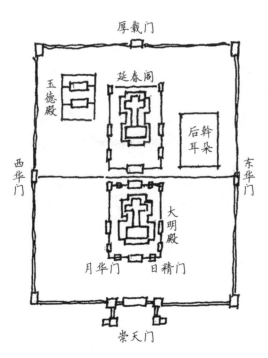

元代"帝后并尊"，宫城前有"丁"字形广场，为明清宫前广场奠定了基础。

▲ 图 6-11　元大都大内[①]宫殿平面图

---

① 大内即宫城内部。

四、元大都大明殿宫院

　　大明殿宫院是宫城前朝的主院，宫院内主体建筑呈"工"字形。工字殿下面为三重"工"字形大台基，台基前方伸出三重丹陛。主殿大明殿面阔11间，进深7间，重檐庑殿顶。后面寝殿面阔、进深各5间，重檐歇山顶。寝殿两旁带东西挟屋3间，后部出抱厦3间。东西挟屋两侧还有两座小殿，屋顶为歇山顶勾连搭。主殿与寝殿之间以12间柱廊连接，宫院周围廊庑共120间，四角设角楼，四面辟门（图6-12）。

1. 大明殿　　　7. 宝云殿
2. 寝殿　　　　8. 嘉庆门
3. 挟屋　　　　9. 景福门
4. 殿屋　　　　10. 麟瑞门
5. 丹陛　　　　11. 凤仪门
6. 周庑　　　　12. 武楼

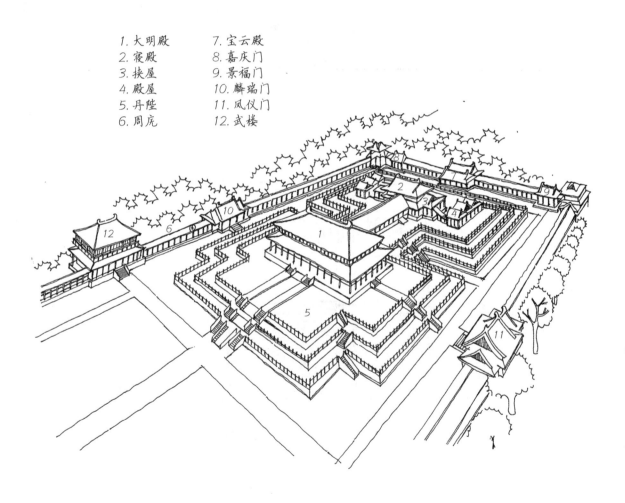

▲ 图6-12　元大都大明殿宫院

第三节 宋、辽、金、元佛寺

一、天津蓟县独乐寺

天津蓟县独乐寺轴线上的山门、观音阁两座建筑是辽统和二年（984年）的原构，其后院、东院、西院的房屋都是明清重建的。辽代大型寺院的布局多是在主轴线上依次布置山门、观音阁、佛殿、法堂，四周环绕廊庑，东西庑上对峙建阁。而目前独乐寺现存的山门、观音阁只是当时寺院遗存的很小一部分[①]（图6-13）。

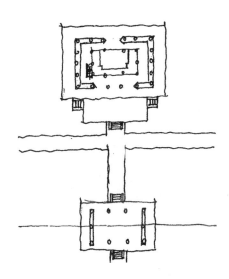

▲ 图6-13 天津蓟县独乐寺建筑遗存

◆ 独乐寺山门

平面特点

山门面阔3间（16.16米），进深四架椽（8.62米），单檐四阿顶，平面采用分心斗底槽。一列中柱的两次间用墙填充，这样一来就将平面分成前后两个空间，前面空间放两尊金刚像，后面空间的墙壁绘制有天王像，中柱当心间则安双扇板门。

---

① 南边建筑为山门，北边建筑为观音阁。

立面特点

立面辅助框是由两个正方形左右各切掉 1/5 形成的，由于山门是一个三开间的建筑，所以立面高度分段并不像七开间的建筑一样是个整数，这点可以参考南禅寺大殿的立面比例，即 1：1/3：1。正脊相当于当心间的宽度（南禅寺大殿和独乐寺山门都符合这个规律）（图 6-14）。

剖面特点

因为山门进深四架椽，而且又是辽代建筑，所以举高可以按 1/4（即屋架高度为进深的 1/4）来算，而屋架高度和屋身的高度比为 1：3，这点也和南禅寺大殿相似（图6-15）。从上面可以看出，唐代和辽代建筑的许多比例及画法是共通的，所谓"唐辽古风"可能说的就是这个意思。山门用"材"尺寸为 24 厘米 ×17 厘米，相当于三等材，建筑整体给人壮硕、有力的感觉。

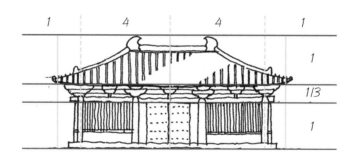

▲ 图 6-14　独乐寺山门立面图

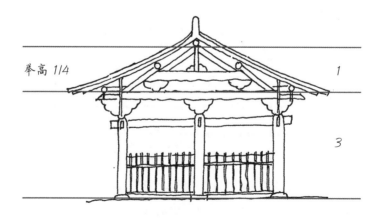

▲ 图 6-15　独乐寺山门剖面图

◆ 独乐寺观音阁

平面特点

观音阁位于山门以北，低矮的石质台基向前伸出月台。观音阁面阔五间（20.23米），进深四间八架椽（14.26米），开间符合"明间＝次间＞尽间"的规律。平面形式为《营造法式》中的金箱斗底槽式样（图6-16），楼梯位于外槽，佛台长度为2柱跨，宽度为1.5柱跨（符合一般佛台的大小）。

立面特点

观音阁的二层形成六边形的井口，以容纳16米的辽塑11面观音像。观音阁外观仅两层，内部三层（中间有一夹层），有腰檐、平坐，屋顶为九脊殿式样（属歇山顶）。立面辅助框是由一个正方形纵向切掉1/6形成的，立面分为5段，正脊末端位于尽间的中部（图6-17）。

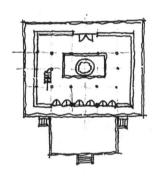

▲ 图6-16 独乐寺观音阁平面图

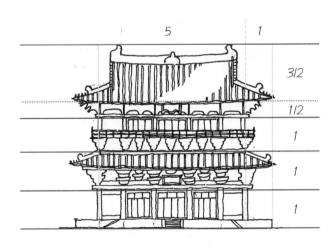

▲ 图6-17 独乐寺观音阁立面图

剖面特点

观音阁顶层屋架可以用一句话来概括：前后乳栿对四椽栿用四柱。屋架举高可以按1/4来算（即屋架高度为进深的1/4），而屋架高度和顶层屋身的高度比为2：3，（辽、元、清殿堂建筑都按举高的3/2倍来确定屋身高度），夹层比顶层屋身的高度稍低，底层比顶层屋身的高度稍高。柱子仅端部有卷杀，并有侧脚。首层和夹层采用缠柱造，所以夹层的檐柱收进约半个柱径，夹层和上层柱的交接采用叉柱造的构造方式，这样在外观上就形成了稳定感。夹层在柱间施以斜撑，加强了结构的刚度。这座建筑的特色是中空，二、三两层四周设围廊，以容纳巨大的观音像（图6-18）。

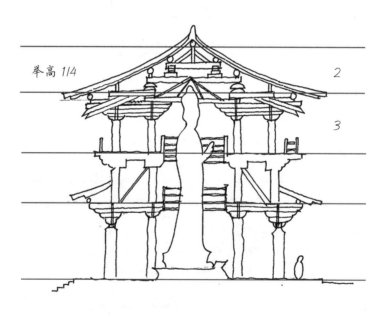

▲ 图6-18　独乐寺观音阁剖面图

二、河北正定隆兴寺

隆兴寺始建于隋，原名龙藏寺，到宋代时才改名为隆兴寺，总平面布局基本保留宋代佛寺的格局，中轴线上依次为照壁、石桥、山门、鼓楼、钟楼、大觉六师殿、摩尼殿、戒坛、韦陀殿、转轮藏殿、慈氏阁、碑亭、佛香阁、弥陀殿（图6-19）。

隆兴寺以佛香阁为全寺中心，佛香阁高33米，里面放置24米高千手千眼观音铜像。这种布局方式的兴起应该是在唐中叶以后，这段时期，寺院当中盛行供奉高大的佛像，因此，主建筑不得不向多层发展。为与之协调，周围的建筑也要随之增高，这种特点应该是唐末至北宋佛寺建筑的标志性特点。

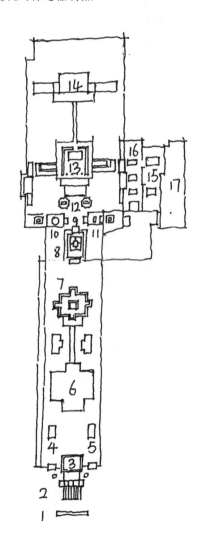

1. 照壁
2. 石桥
3. 山门
4. 鼓楼
5. 钟楼
6. 大觉六师殿
7. 摩尼殿
8. 戒坛
9. 韦陀殿
10. 转轮藏殿
11. 慈氏阁
12. 碑亭
13. 佛香阁
14. 弥陀殿
15. 方丈室
16. 关帝庙
17. 马厩

▲ 图6-19　河北正定隆兴寺总平面图

◆ 隆兴寺摩尼殿

摩尼殿建于北宋皇祐四年（1052年），明清两代虽进行过修葺，但主要结构仍与《营造法式》相近，摩尼殿的独特形式与结构为海内孤例。

平面特点

大殿面阔7间（约35米），进深7间（约28米），开间符合"明间＝次间＝梢间＞尽间"的规律。副阶周匝被包进了建筑内部，所以建筑平面为身内金箱斗底槽，然后里面再嵌套双槽，由此来扩大室内空间。建筑四面出抱厦（山花向前的歇山式龟头屋），平面为十字形，和文艺复兴时期欧洲的圆厅别墅平面有几分相似，平面东西长，南北窄。四个抱厦的宽度排序为南＞北＞西＝东。进深方向上两个次间都比梢间狭窄一些，佛台长度为3柱跨，宽度为3柱跨（图6-20）。

立面特点

大殿屋顶为重檐歇山顶（后代重修），外檐檐柱外侧砌以封闭的砖墙。檐柱用材粗大，有侧脚及生起。阑额上已有普拍枋，阑额端部做卷云头式样，补间铺作已用45度斜栱。立面辅助框是由两个正方形左右各切掉1/6形成的，立面高度分为4.5段（其中0.5段为斗栱高度），正脊长度在五开间长度处进行收山处理，基本接近三开间（图6-21）。

剖面特点

摩尼殿的剖面特点可以用一句话来概括：前后乳栿对四椽栿用四柱（不包括龟头屋部分）。屋架近似为六五举（唐辽平均为五举，宋元清逐渐增高，平均为六五举，即屋架高度为进深的1/3），而屋架高度和屋身的高度比为1：2（唐宋殿堂建筑大部分可以按屋架的2倍来近似确定屋身高度）。建筑进深八架椽，不用六椽栿及八椽栿，有两层四椽栿，外槽以乳栿承下平槫，内槽以顺栿串搭于柱头铺作上，栿背加合踏（明清称作角背）以增强荷载，整体采用抬梁式结构，平梁上用蜀柱、叉手承脊槫，蜀柱下用合踏（图6-22）。

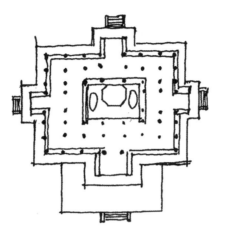

▲ 图 6-20　隆兴寺摩尼殿平面图

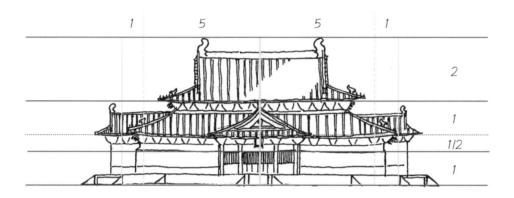

1　　*5*　　　*5*　　*1*

2

1

1/2

1

▲ 图 6-21　隆兴寺摩尼殿立面图

举高 *1/3*

1

2

▲ 图 6-22　隆兴寺摩尼殿剖面图

◆ **隆兴寺转轮藏殿**

转轮藏殿建于北宋初年，位于佛香阁西侧，是一座两层的楼阁。面阔、进深各 3 间，但进深尺寸大于面阔尺寸，由于底层中部设木构转轮藏，直径约 7 米，因此室内柱向两侧移动，二层将对应的两根内柱取消。底层正面伸出副阶，其他三面出腰檐，二层为九脊顶。二层四周出平坐，形成周围廊，正中间供佛像。清代修缮时，在平坐上覆盖了一层腰檐，现在已经拆除。

剖面特点

转轮藏殿为堂阁型构架，上下两层间无暗层。二层室内柱子直通上金檩，以致柱身较高，所以檐柱与内柱间使用顺串栿（清称穿插枋）加强联系。底层正面檐柱与内柱间使用罕见的曲梁，上层檐柱柱头铺作的第二跳昂延伸到平梁下成为大斜撑（图 6-23）。

◆ **隆兴寺慈氏阁**

慈氏阁位于佛香阁东侧，与转轮藏殿相对，也是一座两层的楼阁，面阔、进深各三间。慈氏阁内正中置木雕慈氏立像一尊，立像头部及其背光伸到二层，为此形成楼层空井，这点与观音阁很相似。底层正面出副阶，其余三面为腰檐，二层为九脊顶。二层四周出平坐，形成周围廊，清代修缮时，在平坐上覆盖了一层腰檐，现在已经拆除，下图是带有腰檐的图。慈氏阁为堂阁型构架，底层使用减柱造，减去两根内柱，使得礼佛空间宽敞舒适（图 6-24）。

▲ 图 6-23　隆兴寺转轮藏殿剖面图

▲ 图 6-24　隆兴寺慈氏阁剖面图

三、大同善化寺

　　善化寺位于山西省大同市，始建于唐开元年间，金天会六年至皇统三年（1128—1143 年）重修。这组寺院是现存辽金佛寺中规模最大的一处，寺院占地约 1.4 万平方米，东西有贯通全寺的长廊，但现在已毁。沿中轴线自南向北依次排布山门、三圣殿、大雄宝殿。三圣殿前有东西配殿，大雄宝殿左右毗连东西朵殿，殿前东西配有文殊阁、普贤阁，但如今文殊阁已不复存在。大雄宝殿是经过金代大修的辽代建筑，山门、三圣殿、普贤阁均为金代重建的建筑（图 6-25）。

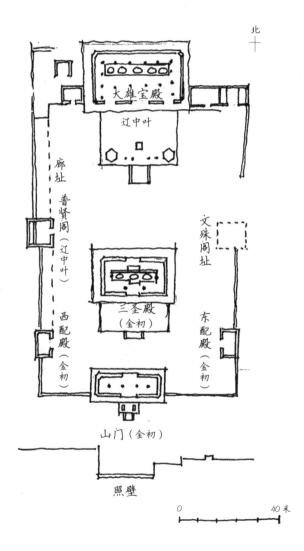

▲ 图 6-25　大同善化寺总平面图

◆ 善化寺大雄宝殿

平面特点

大雄宝殿是善化寺的主殿，建于辽代，经金代大修，但木构还是辽代的。面阔 7 间（40.7 米），进深 5 间 10 椽（25.5 米）。开间符合"明间>次间>梢间>尽间"的规律。佛台长度为 5 柱跨，宽度为 1 柱跨。平面采用减柱造，前檐第一列内柱和后檐第二列内柱各减去 4 根柱子。殿内形成深 4 间、宽 5 间的主体空间和三面环绕的回廊空间（图 6-26）。

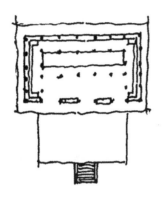

▲ 图 6-26 善化寺大雄宝殿平面图

立面特点

善化寺大雄宝殿立面和佛光寺立面比例如出一辙。立面辅助框由两个正方形组成，立面高度分为 3 段，正脊长度为三开间，檐口刚好位于第二段的中间，这点和佛光寺大殿相同。当心间和右梢间装板门和方格横披，其余开间用厚墙封闭。屋顶为单檐四阿顶。大殿外檐补间铺作采用 45 度和 60 度两种斜栱，斜栱有地域特征，山西常用（图 6-27）。

剖面特点

善化寺大雄宝殿举高可以按 1/4 来算（即屋架高度为进深的 1/4），而屋架高度和屋身的高度比为 2：3（辽、元、清殿堂建筑都按举高的 3/2 倍来确定屋身高度，有些厅堂建筑也适用）。大殿结构属殿堂和厅堂混合结构。上部梁架为彻上明造，有平梁、四椽栿、六椽栿。佛台上中部主佛头顶用斗八藻井，突出主佛的崇高地位（图 6-28）。

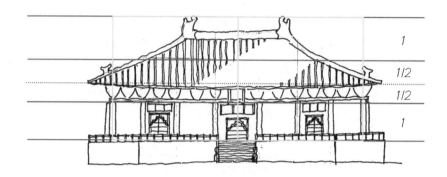

▲ 图 6-27　善化寺大雄宝殿立面图

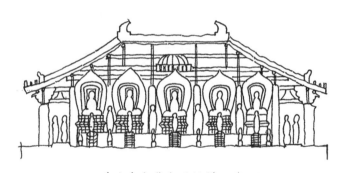

善化寺大雄宝殿纵剖面图

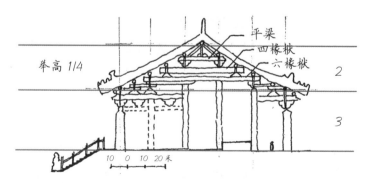

善化寺大雄宝殿横剖面图

▲ 图 6-28　善化寺大雄宝殿剖面图

◆ 善化寺三圣殿

善化寺三圣殿建于金天会至皇统年间（1128—1143 年）。面阔 5 间，进深 4 间 8 椽，柱网运用减柱、移柱造。殿内仅有内柱 4 根，其中两根包在佛坛后面的看面墙内，另外两根位于佛坛两侧的不显眼位置，使殿内空间异常开阔。佛坛上供"华严三圣"——释迦牟尼佛、文殊菩萨、普贤菩萨坐像。

立面特点

金代建筑效仿宋代建筑，往往屋顶会做得很陡，檐口、屋脊、屋面都会出现明显的曲线。屋顶为单檐四阿顶，前后檐当心间安装板门，左右次间安直棂窗，其余全以实墙封闭（图 6-29）。

剖面特点

三圣殿的剖面特点可以用一句话来概括：八架椽屋前后六椽栿对乳栿用三柱。举高可以按 1/3 来算（即屋架高度为进深的 1/3，金代建筑与宋代建筑举高相似），而屋架高度和屋身的高度比为 2：3。三圣殿属于厅堂型构架，室内柱子直达四椽栿之下（图 6-30）。

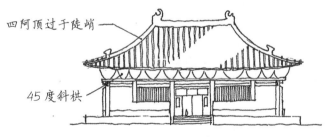

四阿顶过于陡峭

45 度斜拱

▲ 图 6-29　善化寺三圣殿立面图

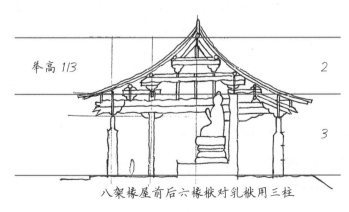

举高 1/3　　2　　3

八架椽屋前后六椽栿对乳栿用三柱

▲ 图 6-30　善化寺三圣殿剖面图

四、大同华严寺

◆ 华严寺大雄宝殿

　　华严寺位于山西省大同市，分为上、下寺。大雄宝殿为上寺的主殿，金天眷三年（1140 年）依旧址重建，沿辽俗取坐西朝东的方位。大殿面阔 9 间（53.9 米），进深 5 间（27.5 米）。平面使用减柱、移柱做法，殿内前后金柱各退入一椽（图 6-31）。华严寺大雄宝殿是现存的元代以前的殿屋中最高大、宽敞的一例。

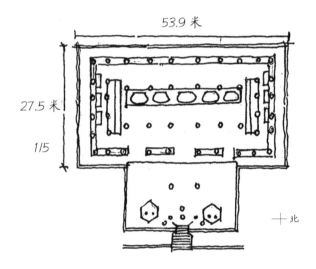

▲ 图 6-31　华严寺大雄宝殿平面图（1/5 即进深五开间）

　　梁架为厅堂型构架，剖面特点可以概括为"十架椽屋前后三椽栿用四柱"。屋顶为单檐四阿顶，屋面坡度平缓，檐口平直，起翘不明显，彰显了庄重朴拙的唐辽建筑风格。明间和两个第二次间为格栅门，其余部分均被实墙封闭（图 6-32）。

　　因为是辽代建筑，所以立面图画法与唐代建筑接近。大殿立面由两个近似的正方形构成，高度为台基底部到螭头顶部距离，宽度则为转角柱中线之间的距离。纵向可以分为相等的三段，檐口刚好位于第二段中间。斗栱的高度约为柱高的 1/2，中间 5 个开间相等，两侧四个开间较窄，开间符合"明间＝次间＞梢间＞尽间"的规律。

▲ 图 6-32　华严寺大雄宝殿立面图

◆ **华严寺薄伽教藏殿**

平面特点

薄伽教藏殿是下华严寺的主殿。"薄伽"意为世尊，"教藏"是藏经的书库。薄伽教藏殿建于辽重熙七年（1038年），为辽代原构。殿面阔5间，进深4间，殿内柱网属于殿堂型的金箱斗底槽构架。开间符合"明间＝次间＝梢间＞尽间"的规律（唐辽常用规律）（图6-33）。

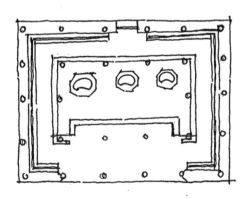

▲ 图 6-33　华严寺薄伽教藏殿平面图

立面特点

薄伽教藏殿建在高 4 米、前带月台的高台上。殿身正面三间装格子门、横披，背面当心间开一小窗，其余用厚墙封闭。屋顶为单檐九脊顶，屋顶坡度平缓，檐柱升起显著，整体外观稳健匀称、简洁，是典型的辽代风格。立面辅助框是由两个正方形左右各切掉 1/6 形成的，立面高度分为 3 段，正脊长度在五开间长度处进行收山处理，基本接近三开间。其余立面特点与唐代建筑相同（图 6-34）。

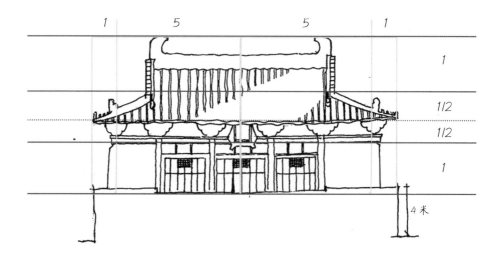

▲ 图 6-34　华严寺薄伽教藏殿立面图

剖面特点

薄伽教藏殿举高可以按1/4来算（即屋架高度为进深的1/4），而屋架高度和屋身高度比为 2：3（辽、元、清殿堂建筑都按举高的3/2倍来确定屋身高度），殿内顶棚主要用天花，但3尊主像顶上有斗八藻井，外槽沿外壁排列有重楼式壁藏（图6-35、图6-36）。

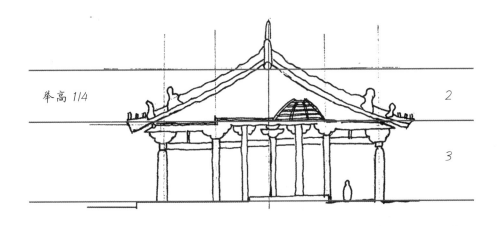

▲ 图6-35 华严寺薄伽教藏殿横向剖面图

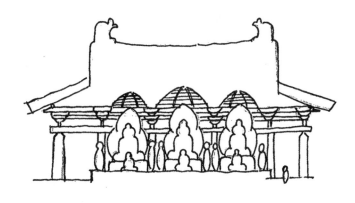

▲ 图6-36 华严寺薄伽教藏殿纵向剖面图

◆ 华严寺薄伽教藏殿壁藏

室内壁藏共 38 间，为上下两层的重楼式经橱。下层藏经，每间一橱。上层作空廊、佛龛，正中飞跨"天宫楼阁"。这组壁藏仿佛是一组建筑的微缩版，屋顶、腰檐、平坐、勾阑、斗栱、须弥座一应俱全，是辽代小木作精品（图 6-37）。

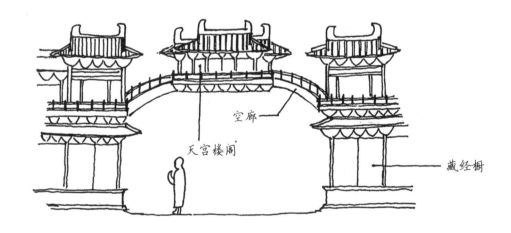

空廊

天宫楼阁

藏经橱

▲ 图 6-37 华严寺薄伽教藏殿壁藏

五、福州华林寺大殿

华林寺位于福建省福州市屏山南麓，创建于北宋乾德二年（964年），原名越山吉祥禅院，明正统九年（1444年）改为华林寺。

◆ **平面特点**

大殿坐北朝南，面阔三间（15.87米），进深四间八架椽（14.68米）（图6-38）。大殿当心间面阔6.5米，比佛光寺大殿（5米）、独乐寺观音阁（4.7米）等绝大多数唐宋殿阁都大得多。

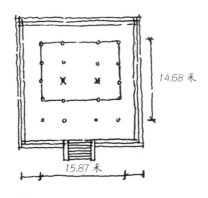

14.68米

15.87米

▲ 图6-38　福州华林寺大殿平面图①

———————————
① 大殿前一进深为前廊空间。

◆ **立面特点**

华林寺大殿屋顶为单檐九脊顶。前檐当心间用两朵补间铺作，两次间各用一朵补间铺作，两山和后檐各间都不用。立面辅助框由一个正方形构成（不包括台基），立面高度分为两段，正脊末端位于尽间的中部（图6-39）。

▲ 图6-39　福州华林寺大殿立面图

◆ **剖面特点**

　　华林寺大殿的剖面特点可以用一句话来概括：八架椽屋前后乳栿用四柱。大殿属厅堂型构架，用材夸张，构架的材高竟可以达到 33 ～ 35 厘米（大于《营造法式》中的一等材高），柱头栌斗达 68 厘米见方，昂通长 8 米有余，铺作总高达 2.65 米，总出跳达 2.08 米，这些尺度都是中国现存木构殿阁中最大的。其立柱卷杀成梭柱，梁栿用月梁，昂咀[①]斫成枭混曲线，从而使得大殿于古朴雄浑之中透露出几分轻盈秀美（图6-40）。

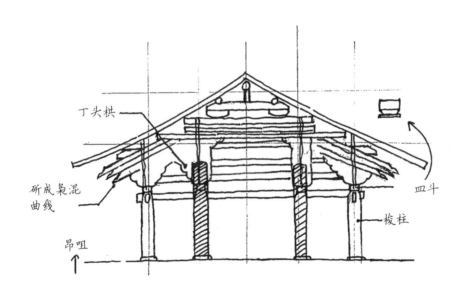

丁头栱

斫成枭混曲线

昂咀

皿斗

梭柱

▲ 图 6-40　福州华林寺大殿剖面图

---

① 昂咀，同昂嘴，即昂头。

图解中国古代建筑史

六、宁波保国寺大殿

保国寺位于浙江省宁波市灵山，属于吴越地方建筑体系，保国寺大殿建于北宋大中祥符六年（1013年）。原为面阔3间、进深3间8架椽的厅堂型大殿，屋顶为单檐歇山顶。清乾隆时在大殿前方、两侧加建下檐，形成面阔5间重檐歇山顶的形式。

保国寺大殿的举高可以按1/3来算（即屋架高度为进深的1/3），而屋架高度和屋身的高度比为2：3（厅堂建筑比较自由灵活）。该殿既保留了一些古制，又具有鲜明的地方特点：各柱均作八瓣形，柱头栌斗随柱身也雕为八瓣形，补间铺作栌斗四角也凹入做成海棠瓣状；一部分斗栱昂身长达两架，昂咀作琴面昂；阑额作月梁形，下加雀替；主梁下加顺栿串；令栱不交耍头（图6-41）。

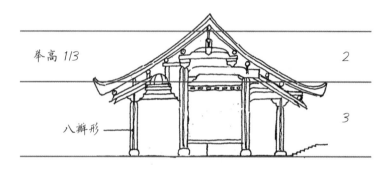

▲ 图6-41　宁波保国寺大殿剖面图

七、五台山佛光寺文殊殿

◆ 平面特点

文殊殿位于五台山佛光寺第一层院落当中，建于金天会十五年（1137年）。面阔7间（31.56米），7个开间等宽，进深4间8椽（17.50米）（图6-42）。

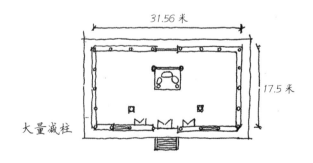

▲ 图6-42　五台山佛光寺文殊殿平面图

◆ **剖面特点**

文殊殿为厅堂型构架，剖面特点可以用一句话来概括：梁架为"八架椽屋前后乳栿用四柱"。此殿以大量减柱造著称，前后两列内柱都只剩下两根柱子，以粗大的内额承托减柱处的梁栿。前列两个中跨和后列两个边跨的内额跨度都长达3间，跨距近14米。这些内额下面各加一根由额加强结构，后列边跨由额上还添加了蜀柱、绰幕枋（做法和后来的雀替基本相似）、斜撑，与内额一起组成近似现代平行弦桁架的复合梁（图6-43）。这表明，当时工匠已能把握构架的受力情况，敢于采取大胆的结构措施。

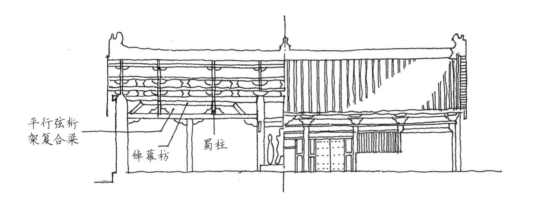

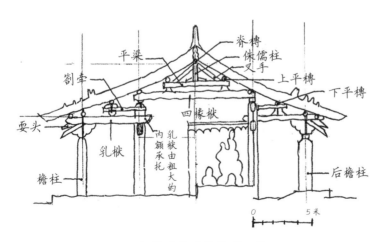

八架椽屋前后乳栿用四柱

▲ 图6-43　五台山佛光寺文殊殿剖面图

图解中国古代建筑史

八、洪洞广胜下寺

　　洪洞广胜寺位于山西省洪洞县霍山，分为上寺和下寺，上寺在山顶，下寺在山脚。下寺基本保持了元代的格局，现存的轴线上的门、后大殿和西侧后部的西朵殿，均为元代建筑。山门为殿堂型分心槽构架，面阔3间，进深2间6椽，单檐歇山顶，前后檐下出雨搭，这种做法是迄今发现的孤例。下寺前殿重建于明成化八年（1472年），面阔5间，进深3间6椽，采用单檐悬山顶（图6-44）。后大殿则重建于元至大二年（1309年）。

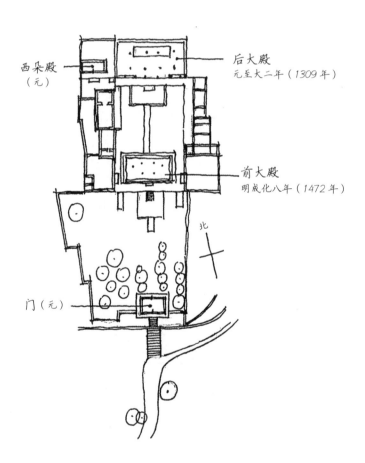

▲ 图6-44　洪洞广胜下寺平面图

◆ **平面特点**

洪洞广胜下寺后大殿面阔7间，进深4间8椽，殿内使用减柱、移柱法，整座大殿只用6根内柱。前列仅用明间的两根内柱（后来由于稳定性问题又加了两根柱子），后列仅用4根内柱，而且后列有两根内柱移位，不与檐柱对准，这种形式比平常做法减柱6根。殿内在后列内柱之后设佛坛，供三世佛和文殊、普贤菩萨像。三座佛像均为元代佳作，殿内壁画也是元代精品（图6-45）。

◆ **立面特点**

立面辅助框是由两个正方形左右各切掉1/8形成的，立面高度分为两段。大殿采用单檐悬山顶，梢间为直棂窗，明间、次间为带披窗的槅扇门（图6-46）。

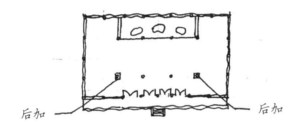

▲ 图6-45　洪洞广胜下寺后大殿平面图

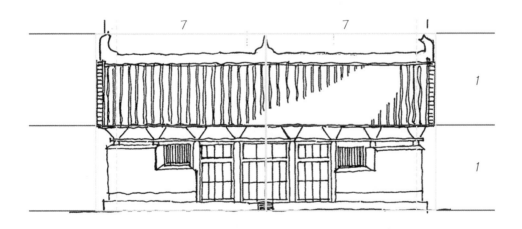

▲ 图6-46　洪洞广胜下寺后大殿立面图

◆ **剖面特点**

举高可以按 1/3 来算（即屋架高度为进深的 1/3），而屋架高度和屋身的高度比为 2：3（辽、元、清殿堂建筑都按举高的 3/2 倍来确定屋身高度）。构架有两大特点：一是内柱列上架大内额以承载上部梁架；二是使用斜梁，斜梁下端置于檐柱斗栱上，上端搁于大内额上，其上置檩。这种大胆而灵活的构架做法，是元代地方建筑的一大特色（图 6-47）。

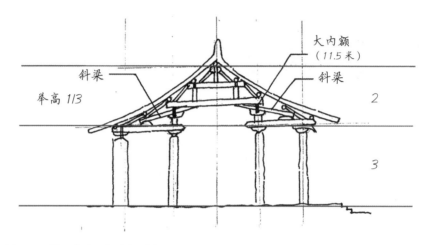

▲ 图 6-47　洪洞广胜下寺后大殿剖面图

第四节　宋元祠庙、道观

一、太原晋祠

晋祠位于山西省太原市南郊悬瓮山麓，原是奉祀周初古晋国始祖唐叔虞的祠庙，建造年代已不可考。北宋天圣年间（1023—1032 年），为叔虞之母姜氏建造的圣母殿奠定了晋祠的新格局。晋祠背山面水，坐西向东，圣母殿为祠内的主体建筑，于北宋崇宁元年（1102 年）重修，圣母殿是现存宋代建筑中唯一用单槽副阶周匝的实例，是宋代建筑的代表。圣母殿前建有鱼沼飞梁（北宋）、献殿（金）、金人台、水镜台等，它们构成了晋祠的主轴线。古人称池塘 "圆者曰池，方者曰沼"，鱼沼飞梁就是指方形沼池及其上面架设的十字形桥。鱼沼飞梁之东的献殿，是供奉圣母祭品的享堂。圣母殿前方左右分布其他祠庙，这些祠庙依势而建，殿宇、草木、晋水共同组成了一个庞大的园林式祠庙群（图 6-48）。

1. 圣母殿
2. 鱼沼飞梁
3. 献殿
4. 金人台
5. 水镜台

"圆者曰池，方者曰沼"

▲ 图 6-48　太原晋祠平面图

二、晋祠圣母殿

◆ 平面特点

晋祠圣母殿坐西朝东，殿身面阔 5 间，进深 4 间，周围采用副阶周匝的做法，前檐廊深 2 间。开间符合"明间 > 次间 = 梢间 > 尽间"的规律。圣母坛长度为 2 柱跨，宽度为 1 柱跨（图 6-49）。

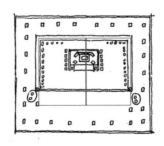

▲ 图 6-49　晋祠圣母殿平面图

◆ **立面特点**

立面辅助框是由两个正方形左右各切掉1/6形成的，立面高度分为4.5段，正脊长度在五开间长度处进行收山处理，基本接近五开间（宋代的斗栱层都达不到柱高的1/2，所以，图上标的1/2只是一个近似值）。屋顶用重檐歇山顶，大殿柱身有显著的侧脚、生起，尤其是上檐口和屋脊呈柔和的曲线，表现出典型的北宋建筑风格。柱头铺作出双下昂，其下昂是将华栱的端头向外延伸形成的假昂头，开创了明清式假昂的先河（图6-50）。

◆ **剖面特点**

圣母殿的剖面特点可以用一句话来概括：八架椽屋乳栿对六椽栿用三柱。举高可以按1/3来算（即屋架高度为进深的1/3），而屋架高度和屋身的高度比为1：2（唐、宋殿堂建筑都按举高的2倍来确定屋身高度）。殿身去掉4根前檐柱，将前廊4道梁架加长到4椽，梁尾插到身内单槽缝的内柱上，并将殿身正面的门窗槛墙也推到单槽缝上，从而取得深两间的分外宽阔的前廊空间。殿内部分深3间6椽，架六椽栿通梁，整个内殿空间无内柱，上部作彻上露明造，使得殿内空间非常完整、高敞（图6-51）。

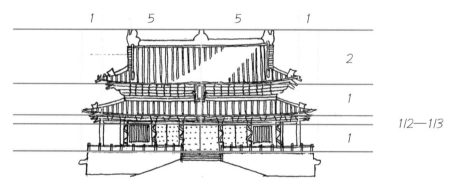

▲ 图6-50 晋祠圣母殿立面图

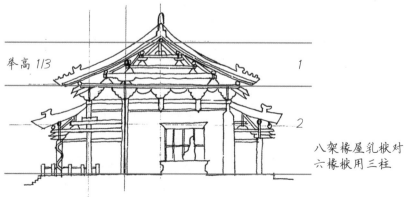

▲ 图6-51 晋祠圣母殿剖面图

三、汾阴后土庙图碑

　　汾阴后土庙位于山西省万荣县，建于北宋大中祥符五年（1012年），但于16世纪末被毁，现存建筑是清同治十二年（1873年）复建的。庙内保存着一块刻于金天会十五年（1137年）的图碑，反映了北宋时期后土庙的布局和建筑形式。

　　图碑显示，北宋后土庙北临汾水，西靠黄河，由宫墙环护，四角建有阙楼。总体呈"前庙后坛"的格局。庙区被一个横长的庭院分成前后两部分：前部有三重庭院，中轴线上依次建三重门殿，院内分建碑亭；后部为庙区主体，由回廊组成方形殿庭。庙中有主殿"坤柔之殿"，"坤柔之殿"与寝殿有穿廊连通，形成工字殿。主殿前方有舞台，左右有两座乐亭，乐亭前为舞台。主院东西两侧各有四个小院。主院之后为半圆形的祭坛区，东西隔墙将大院子分成前后两院。前院有"工"字形台，院内种满树木。后院在方坛上建重檐方殿，名为"轩辕扫地坛"（图6-52）。

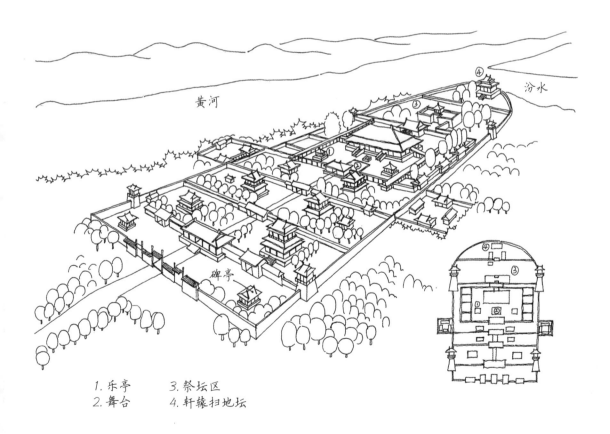

1. 乐亭　　3. 祭坛区
2. 舞台　　4. 轩辕扫地坛

▲ 图6-52　汾阴后土庙想象复原图

四、芮城永乐宫三清殿

　　永乐宫最初位于山西芮城县永乐镇（永乐镇传说是"八仙"之一吕洞宾的出生地），后迁至芮城。永乐宫是一组狭长的建筑群，在纵深轴线上依次排布有无极门（龙虎殿）、三清殿、纯阳殿、重阳殿4座殿宇，均属元代建筑（前部宫门是清代改建的，后部丘祖殿仅有遗址）。各殿都有宽大的月台和相通的甬道（图6-53）。永乐宫以壁画闻名于世，殿内的元代壁画共有960平方米。三清殿是永乐宫的主殿，其立面比例和谐，侧脚、生起显著，外观柔和秀美。殿内绘《朝元图》壁画，壁画场面开阔，气势磅礴，线条流畅，为元代壁画的代表作。

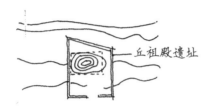

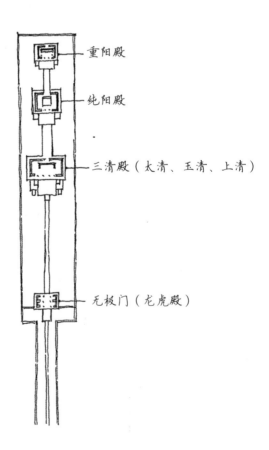

丘祖殿遗址

重阳殿

纯阳殿

三清殿（太清、玉清、上清）

无极门（龙虎殿）

▲ 图6-53　芮城永乐宫平面图

◆ 平面特点

三清殿面阔七间、进深四间，室内应用减柱造，共留下八根柱子，在八根柱子之间设置神坛。神坛上奉祀太清、玉清、上清神像，出月台、朵台，神坛的形制独特（图6-54）。

◆ 立面特点

立面辅助框是由两个正方形左右各切掉 1/6 形成的（不包括台基），立面高度分为 2 段，正脊长度为三开间。建筑位于高筑的台基之上（台基高度与鸱吻高度近乎相等），屋顶为单檐庑殿顶。明间、次间、梢间为槅扇门带横披，其余部分用实墙封闭（图6-55）。

◆ 剖面特点

三清殿的剖面特点可以用一句话来概括：八架椽屋四椽栿对双乳栿用四柱。举高可以按 1/3 来算（即屋架高度为进深的 1/3），而屋架高度和屋身的高度比为 2：3。殿堂没有六椽栿，而是应用了两个劄牵（清称单步梁）（图6-56）。

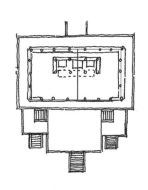

▲ 图 6-54 永乐宫三清殿平面图

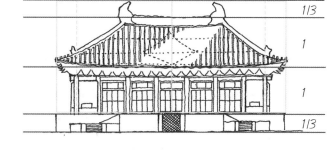

▲ 图 6-55 永乐宫三清殿立面图

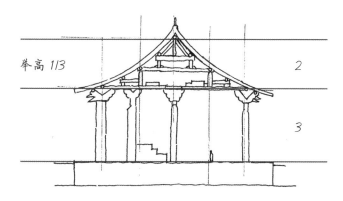

▲ 图 6-56 永乐宫三清殿剖面图

第五节　宋、辽、金、元佛塔

一、应县木塔

应县木塔建于辽清宁二年（1056 年），是国内现存最古老、最完整的木塔。

◆ **平面特点**

木塔坐落在方形及八角形两层台基上，塔身为八角形，底层塔径30.27米，高9层（外观5层，内有结构暗层4层）。底层为金箱斗底槽加"副阶周匝"的平面柱网布局形式，这样就形成了双套筒的结构形式，与现代建筑的高层核心筒相似，大大增强了塔的整体刚度（图 6-57）。

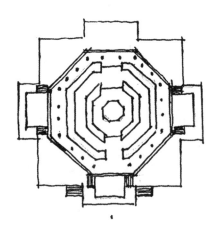

▲ 图 6-57　应县木塔平面图

◆ **立面、剖面特点**

　　应县木塔是殿阁型构架，上下层柱子采用叉柱造，上层檐柱比下层多收进半柱径，塔的整体偏于粗壮，在外观上形成逐层向内收拢的优美轮廓，这样做也是为了保证塔身的稳定。同时，由塔身各层斗栱和平坐斗栱组成的九个铺作层，形成九道强有力的刚性环，并在平坐暗层内添加立柱、斜撑（金代增加），把平坐柱网与其上下铺作层联结成整体框架。正是因为这样，应县木塔才能屹立千年不倒（图 6-58）。

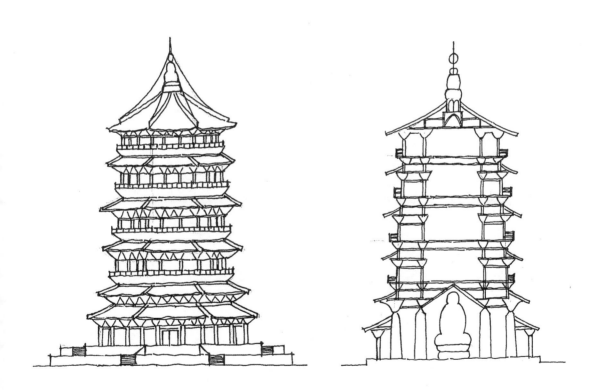

▲ 图 6-58　应县木塔立面图、剖面图

二、北京妙应寺白塔

妙应寺位于北京阜成门内，俗称白塔寺，白塔是由尼泊尔人阿尼哥设计的。白塔建于元至元八年（1271 年），是中国中原地区现存最大、最早的喇嘛塔。塔高 50.86 米，由塔基、塔身和塔刹三部分组成。塔基分三层，下层为平台，上两层为重叠的须弥座。台基上为覆莲座及金刚圈，承托高大的塔身。塔身上肩略宽，外形简洁浑厚。塔身上方为"亚"字形剖面的塔脖子和逐层向上收缩的相轮（相轮又叫十三天）。相轮顶部为铜制的华盖和宝顶（图 6-59）。

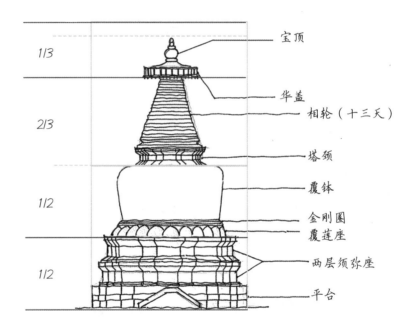

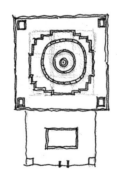

▲ 图 6-59　北京妙应寺白塔

三、北京天宁寺塔

天宁寺塔位于北京广安门外，建于辽天祚帝天庆九年至十年（1119—1120年），是辽南京城遗存的唯一一个辽代地面建筑，也是北京市区现存年代最久、高度最高的古建筑。天宁寺塔为八角实心密檐塔，共13层，塔总高55.38米。塔基为下层方形、上层八角形。塔座由三段组成，下段是须弥座，中段由须弥座、斗栱、平坐和栏杆组成，上段是三层莲瓣组成的莲台。塔身为仿木结构，有四个正面出券门，四个斜面雕直棂窗（图6-60）。

▲ 图6-60　北京天宁寺塔

四、定县开元寺塔

开元寺位于河北省定县（今河北省定州市），始建于北宋咸平四年（1001年），历时 55 年建成。当时，定县处在宋辽交界处，此塔用于瞭望敌情，因此称料敌塔。塔内砌粗大的砖塔心柱，内装有穿心式登塔阶梯。塔为 8 角 11 层仿木楼阁式砖塔，高 84 米，是中国现存最高的古塔。塔首层较高，上施砖砌腰檐、平坐；2 层以上仅砌腰檐，各层腰檐不做斗栱，均以砖叠涩挑出。塔外壁被刷成白色，浮雕假窗较多，再加上轮廓线平缓，显得挺拔秀丽（图 6-61）。

五、苏州报恩寺塔

苏州报恩寺塔位于苏州北部，俗称北寺塔。南宋绍兴年间（1131—1162 年）重建。塔平面为八角形，塔身为双套筒结构，底层为副阶周匝。报恩寺塔为砖心木檐楼阁式塔，共 9 层，总高 76 米。各层外壁装木构平坐、勾阑、腰檐，木构做法轻巧、飘逸，表现出南方建筑的秀美端庄。现塔身 6 层以下砖构部分仍是南宋遗物，7 层、8 层和 9 层可能为明代加构，木构、副阶、外檐、平坐为清末重修。巨大的刹柱贯穿 8 层和 9 层的塔心柱，安装牢固。金属的塔刹冲天直上，蔚为壮观（图 6-62）。

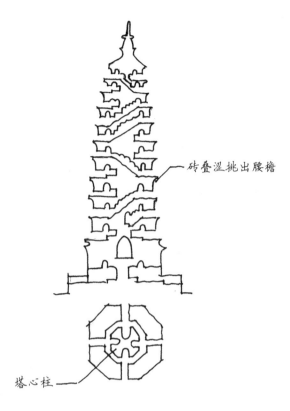

砖叠涩挑出腰檐

塔心柱

▲ 图 6-61　定县开元寺塔剖面图

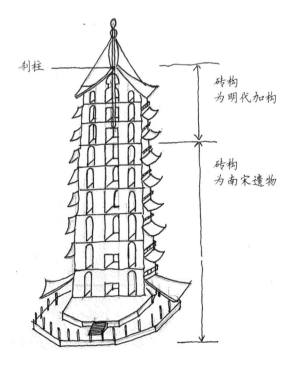

刹柱

砖构
为明代加构

砖构
为南宋遗物

▲ 图 6-62　苏州报恩寺塔剖透视图

六、泉州开元寺仁寿塔

　　泉州开元寺有东西双塔，东塔名镇国塔，西塔名仁寿塔，是中国石塔中最高的一对。仁寿塔始建于南宋绍定元年（1228年），历时10年建成。塔体为8角5层，塔高44米，底层塔径约14米，塔内设巨大的塔心石柱。此塔全部用花岗岩砌造，外形完全模仿楼阁式木塔。塔的2~5层均带石刻平坐栏杆和腰檐。1层、3层和5层的4个正面辟门，4个斜面设龛，2层和4层为正面设龛、斜面辟门，门龛上下交错，可避免墙体因门洞集中而劈裂，也使立面构图有了更多变化（图6-63）。

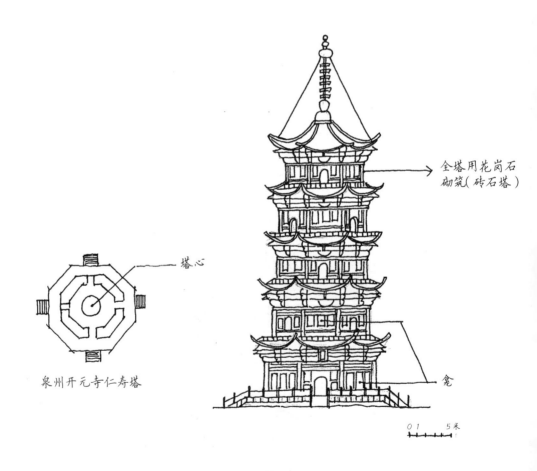

塔心

泉州开元寺仁寿塔

全塔用花岗石砌筑（砖石塔）

龛

0 1　　5米

▲ 图6-63　泉州开元寺仁寿塔

第六节　汉化的宋、元清真寺

一、杭州真教寺

　　真教寺又名凤凰寺，位于杭州市中山中路，是中国伊斯兰教四大古寺之一。真教寺重建于元代，现存的后窑殿是一座三间并列的砖殿，每间平面均为方形，上覆圆穹隆顶。正中圆顶直径为 8.3 米，距地高 14 米。各方形小室与圆顶之间以平砖和菱角牙子交替出跳的三角形穹隅过渡，这种做法曾盛行于 11 世纪前后的波斯和中亚的伊斯兰建筑中。屋顶外观为中部八角重檐攒尖顶与两侧六角单檐攒尖顶的组合，反映出中国传统建筑与中亚伊斯兰建筑的相互融合（图 6-64）。

▲ 图 6-64　杭州真教寺剖面图、平面图

二、广州怀圣寺光塔

广州怀圣寺也是中国伊斯兰教四大古寺之一，光塔位于寺的西南角，一说建于北宋末年。光塔又称邦克楼、唤醒楼、宣礼塔，主要供召唤信徒礼拜之用。塔呈圆筒形，直径 8.85 米，高 38 米（含陷入地下部分），是中国现存最高的宣礼塔。此塔形制源自中亚，外观仿伊斯兰建筑形式，塔身分下大上小两段，均有收分，通体刷白。塔辟南北二门，各有螺旋形磴道对旋而上。塔上燃灯，有导航作用（图 6-65）。

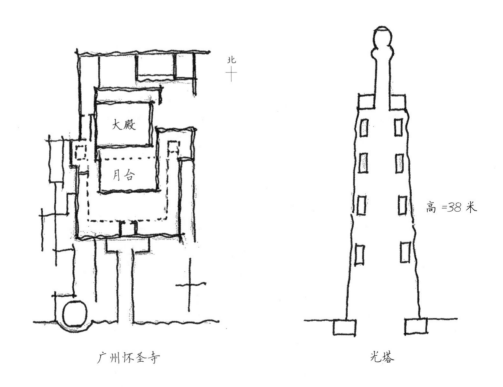

▲ 图 6-65　广州怀圣寺平面图、光塔

三、泉州清净寺

清净寺始建于北宋大中祥符初年（1008 年），重修于元至大三年（1310 年），是中国伊斯兰教四大古寺之一，现存门殿一座、礼拜殿遗址一处。门殿朝南，宽 6.5 米，深 12.5 米，由前部两重半穹隆顶和后部一间隆顶组成。门殿上部砌成带雉堞的平台，平台上原有邦克楼已毁。礼拜殿遗址坐西朝东，信徒面对此龛可以向麦加方向朝拜（图 6-66）。

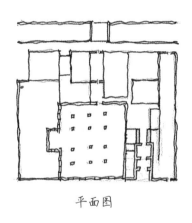

平面图

门殿剖面图

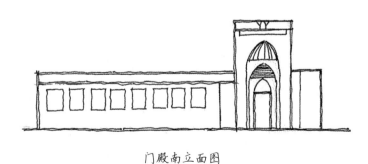

门殿南立面图

▲ 图 6-66　泉州清净寺

第七节　文人气十足的宋、元园林

　　两宋到清初是中国园林的成熟期，继隋唐盛世后，中国封建社会发展定型，农村的地主小农经济稳步成长，城市的商业经济达到空前的繁荣，市民文化的兴起为传统的封建文化注入新鲜血液。园林没有了汉、唐的大尺度形象，日益向在小空间中营造和表达自我精神世界的境界转化。

一、艮岳

　　艮岳为北宋宫苑，兴建于宋政和七年（1117年），宣和四年（1122年）完工，因位于汴梁城（今河南开封）的东北，得名"艮岳"（"艮"在《易经》中指东北方位）。全园面积约750亩（50万平方米），有各式亭台楼阁、道观、庵庙、书馆、水村、野居等，并以这些园林建筑展开布局，大量堆砌人工假山，再围绕假山、建筑开凿水系，从而形成山水环抱的格局（图6-67）。所用石材大多是通过花石纲从江浙一带运来的名贵太湖石。园内配备的植物均为各地的名贵花木，奢华程度可见一斑。可以说，艮岳突破了秦汉以来宫苑"一池三山"的范式，把诗情画意移入园林，以典型概括的、人工堆凿的山水创作为主题，在中国园林史上是一个重大转折。

▲ 图6-67　艮岳平面图

二、元大都太液池

太液池是元大都御苑的主要水体，位置大致在今北京的北海、中海。太液池沿袭皇家园林"一池三山"的传统模式，追求仙山琼阁的境界，水中设万岁山、圆坻、犀山台三岛。其中万岁山体量最大，原是金中都的琼华岛（今北海琼华岛），山顶建广寒殿，山坡环列仁智、延和、介福等殿亭（图6-68）。圆坻为圆形小岛，上建圆形的仪天殿，东有木桥，通往大内夹垣（夹垣即两层的城墙），西有木吊桥，通往兴圣宫夹垣。犀山台体量最小，其上遍植芍药。

三、独乐园

独乐园是北宋司马光在洛阳的私园，建于北宋熙宁六年（1073年），占地约1.33万平方米，以水为主景，池中有岛。水池周围建有一系列小型园林式建筑，园内种植茾竹、芍药、牡丹等（图6-69）。独乐园面积很小，格调简素，无论楹联还是园内题字，都表现了园主人清高、超然的意趣。

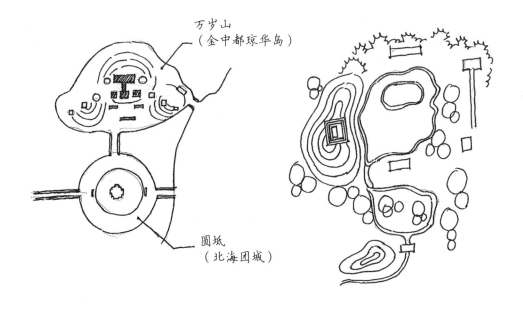

▲ 图6-68 元大都万岁山及圆坻平面图　　　▲ 图6-69 独乐园平面图

四、滕王阁和黄鹤楼

    滕王阁、黄鹤楼和岳阳楼被合称为江南三大名楼，它们均选址于城市临江或临湖地段，属于游观性的景观建筑。滕王阁位于江西南昌赣江江边，黄鹤楼位于湖北武昌长江南岸，两者都几经重建。图6-70为宋画中的滕王阁、黄鹤楼形象，可见其均坐落在高高的城台上，中央高耸的主体建筑被小型建筑簇拥，四出抱厦、平坐、栏杆、腰檐回廊相互联结，形成了体量庞大、构造复杂的殿阁形象。它们的屋顶是一大看点，都采用"丁"字形或"十"字形的重檐歇山顶，这种做法传到日本以后开始开枝散叶。

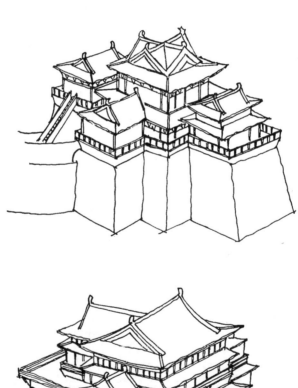

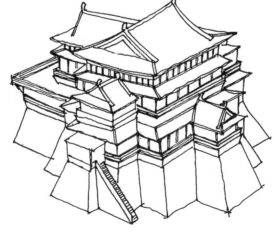

▲ 图6-70　宋画中的滕王阁、黄鹤楼

第八节　布局独特的宋代陵墓

宋代帝陵规模要远小于汉、唐陵寝。风水中讲究"五音姓利"[①]，因宋代皇帝姓赵，属角音，必须"东南地穷，西北地垂"，所以，陵区为东南高、西北低，陵台要设在地势低的北向，与中国传统建筑群的布局形式截然不同。

一、巩县宋陵

河南省巩义市（宋称巩县）洛河南岸的台地上有 8 座北宋帝陵（图 6-71）。这些帝陵集中布置，陵区遍植松柏，各陵的布局基本相同，并且和唐代相同，采用上下宫制度。上宫陵园四面有陵墙、陵门、角阙，南面为神道，神道两侧布置了成对的阙、石望柱、石人石兽。陵台采用方锥形台体，陵台与南面陵门之间设置献殿。下宫位于陵的西北方向，是皇帝死后灵魂起居的地方，上宫主要是用来放置帝王灵柩的地方，也就是人们常说的地宫。下宫一般有正殿和影殿，供奉帝后的影像与衣物等，每天在规定的时辰内，都会安排祭祀，事死如生。

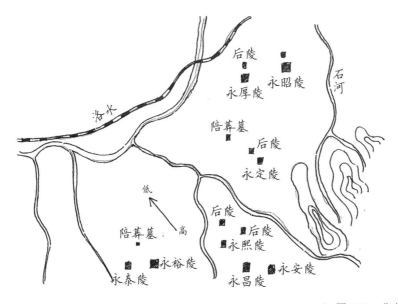

▲ 图 6-71　北宋陵墓群

[①] 五音姓利就是把人的姓氏分成宫、商、角、徵、羽五音，再将五音分别与阴阳五行中的土、金、木、火、水对应，这样即可在地理上找到与其姓氏相应的最佳埋葬方位与时日。

二、北宋永昭陵（北宋嘉佑八年 1063 年）

　　永昭陵是宋仁宗赵祯的陵墓，由上宫、下宫组成。上宫西北附有后陵，四周有陵墙，每面长242米，正中开门，上建门楼，各门外列石狮一对，四角有角楼。南门为正门，设神道。上宫中心为覆斗形封土陵台（方上），陵台底部是方形的，边长为56米，高13米，献殿已无迹可寻。后陵以北为下宫所在地，下宫供奉帝后影像、遗物，也用于守陵祭祀（图6-72）。

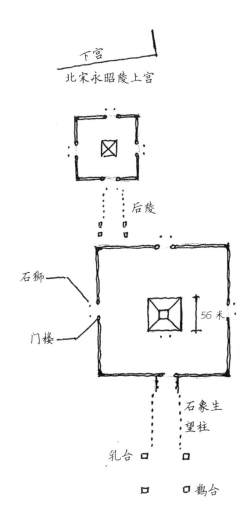

▲ 图 6-72　北宋永昭陵平面图

第九节　书籍文献遗存——《营造法式》

　　《营造法式》刊行于北宋崇宁二年（1103 年），是李诫在工匠喻皓所著的《木经》的基础上编成的，也是北宋官方颁布的一部关于建筑设计、施工的规范书。这是中国古代最完整的建筑技术书籍，它标志着中国古代建筑已经发展到了较高阶段。全书正文共34 卷，是对当时建筑设计与施工经验的集合与总结，这本书对后世产生了深远的影响。

一、材分制度（《营造法式》的模数制度）

　　材分制度最晚在初唐时期已经出现，在《营造法式》中得到了进一步规范。材分制度以斗栱中栱的截面尺寸作为建筑的基本模数，即"材"。"材"可进一步分为"分"，"分"是材高的 1/15，材宽的 1/10。"栔"是两层栱之间的间距，"栔"高 6 分、宽 4 分，1 材加 1 栔，共高 21 分，称为"足材"。建筑的开间、进深、层高和木构架中一系列构件的尺度，根据不同的等级，都有相应等级的材与之对应。《营造法式》中提到"材有八等"，所以，设计房屋只要选定建筑的等级，就确定了需要使用哪等材，对于确定建筑的长、宽、高和全部大木构件的具体尺寸有很大的帮助（图 6-73）。

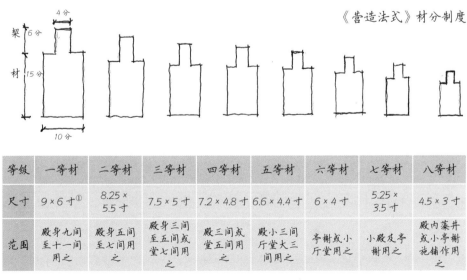

等级	一等材	二等材	三等材	四等材	五等材	六等材	七等材	八等材
尺寸	9×6寸①	8.25×5.5寸	7.5×5寸	7.2×4.8寸	6.6×4.4寸	6×4寸	5.25×3.5寸	4.5×3寸
范围	殿身九间至十一间用之	殿身五间至七间用之	殿身三间至五间或堂七间用之	殿三间或堂五间用之	殿小三间厅堂大三间用之	亭榭或小厅堂用之	小殿及亭榭用之	殿内藻井或小亭榭施铺作用之

▲ 图 6-73　《营造法式》材分制度示意图与尺寸详情

① 1 寸 ≈ 3.33 厘米。

二、殿堂、殿阁型构架特点

　　殿堂和殿阁常用作一组建筑群里的主体建筑，用料大。殿堂和殿阁的平面多采用分槽形式，空间上按水平方向可分为三个结构层，即由等高的柱子构成的柱网层、由斗栱构成的铺作层、由梁架构成的屋架层。柱网层由外檐柱和屋内柱组成，外檐柱与屋内柱同高，各柱柱头之间以阑额联结，柱脚之间以地栿联结；铺作层由柱网之上的铺作组成，铺作之间由柱头方、明乳栿等拉结，形成稳固的水平网架，以保持构架整体稳定和均匀传递荷载的作用；屋架层由层层草栿、矮柱、蜀柱构成。室内大多使用平棋（清称天花）、平暗或藻井天花（图6-74）。

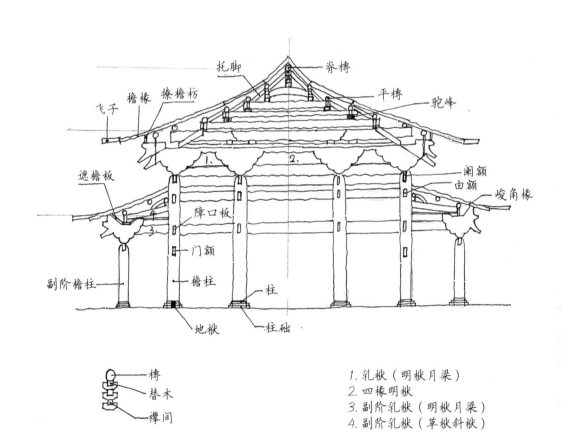

1. 乳栿（明栿月梁）
2. 四椽明栿
3. 副阶乳栿（明栿月梁）
4. 副阶乳栿（草栿斜栿）

▲ 图6-74　殿堂剖面示意图——七铺作副阶五铺作双槽

殿堂型构架的平面均为整齐的长方形，定型为4种分槽形式：分心槽、单槽、双槽、金箱斗底槽（图6-75）。

◆ **分心槽**

用一列中柱将平面等分，如河北蓟县独乐寺山门（辽）。

◆ **单槽**

用内柱将平面划分为大小不等的两个区，如山西太原晋祠圣母殿（宋）、朔州崇福寺观音殿（金）。

◆ **双槽**

用内柱将平面划分为大小不等的三个区，如西安大明宫含元殿遗址（唐）、北京故宫太和殿（清）。

◆ **金箱斗底槽**

平面柱网由内外两圈柱子构成，如山西五台山佛光寺大殿（唐）。

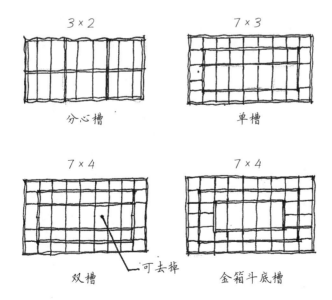

▲ 图6-75 殿堂型构架平面分类图

三、厅堂、厅阁型构架特点

厅堂、厅阁型构架在平面上组合自由，每座房屋的开间数不受限制，只要相应地增加梁架的缝数即可。各缝梁架只要椽数、椽长、步架相等，内柱的位置、数量和梁栿的长短可以不同，可适应减柱、移柱等灵活的柱网布置方式。厅堂型建筑用材不超过三等材，其内部柱子的高度基本可以到达屋顶，内排柱子的抬高破坏了铺作层的完整，斗栱无法在一个平面上联合，成了孤立的节点，只剩可有可无的承托作用。但内柱的升高使乳栿的端部可以直接插入内柱柱身，另一端伸入柱头铺作，从而成为一个承担屋檐重量的杠杆，且内柱的上升在冲破铺作的同时，也使柱梁之间的斗栱变得简洁。厅堂室内不做平棋、平暗等天花，梁架露明（图 6-76）。

四、梁的分类

在《营造法式》中，按照在构架中的位置，梁可以分为搭牵（承担一根椽子）、乳栿（承担两根椽子）、平梁（承担两根椽子，两根椽子左右对称）、四椽栿（承担四根椽子）、六椽栿（承担六根椽子）等。名称是根据梁上所承担的椽子数目而定的（图 6-77）。

五、标准化的宋式铺作

斗栱发展到宋朝已经成熟，补间铺作和柱头铺作的做法已经统一，在结构上的作用也发挥得较为充分，《营造法式》中对斗栱各部件的尺寸有详细的规定。辽、金继承了唐、宋的形制，但有若干变化，如在补间中使用 45 度和 60 度的斜栱、斜昂等。自元代起，斗栱尺度渐小，真昂不多（图 6-78）。下面对宋式斗栱的一些分构件进行介绍。

◆ 栌斗

斗栱的最下层，重量集中处最大的栱。

◆ 斗口

坐斗正面的槽口叫斗口（在清代作为衡量建筑尺度的标准，即清代模数制的单位）。

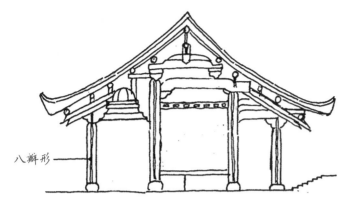

八瓣形

▲ 图 6-76 厅堂型剖面示意图

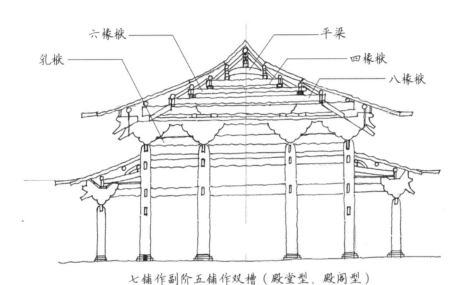

六椽栿 平梁
乳栿 四椽栿
八椽栿

七铺作副阶五铺作双槽（殿堂型、殿阁型）

▲ 图 6-77 梁的分类示意图

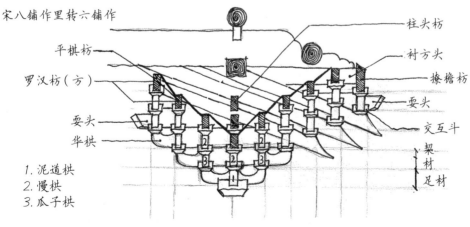

宋八铺作里转六铺作

平棋枋 柱头枋
罗汉枋（方） 衬方头
撩檐枋
要头 要头
华拱 交互斗

契材
足材

1. 泥道拱
2. 慢拱
3. 瓜子拱

泥道拱之上全为慢拱，承托要头的拱为令拱。

▲ 图 6-78 宋式八铺作示意图

◆ **华栱**

宋代一种栱的名称，垂直于立面，向内外挑出的栱（清代称为翘）。

◆ **昂**

斗栱中斜置的构件，起杠杆作用。有上下昂之分，下昂使用更多，上昂用于室内，位于平坐斗栱或斗栱里跳之上。

◆ **耍头**

位于最上一层栱或昂之上，与令栱相交，向外伸出，如蚂蚱头状。

◆ **杪**

向外出挑的栱，宋代称华栱，清代称翘。斗栱中每挑出一层称为一杪，挑出一层的栱称为单杪，两层称双杪（清式称双翘），三层的称三杪，但三层较少见（清式建筑上基本没有）。

◆ **双杪双下昂**

双杪即出两个华栱，双下昂即设两个下昂（元代以后柱头铺作不用昂，清代带下昂的平身科转化为镏金斗栱的做法，使原来斜昂的结构作用丧失）。

◆ **朵**

朵是宋代对一组整体斗栱的称谓，清代称"攒"。如柱间有五组斗栱，便称"补间铺作五朵"，清代则称"平身科五攒"。

六、宋式铺作出跳

翘或昂自坐斗出跳的数目在清代称为踩（宋代称为铺作）。出一跳叫三踩（宋称四铺作），出两跳叫五踩（宋称五铺作），一般建筑（牌楼除外）不超过九踩（七铺作）（图6-79）。

跳、踩、铺作数目之间的关系如下：设出跳数为 N，则踩数为 $2N+1$，铺作数为 $N+3$。

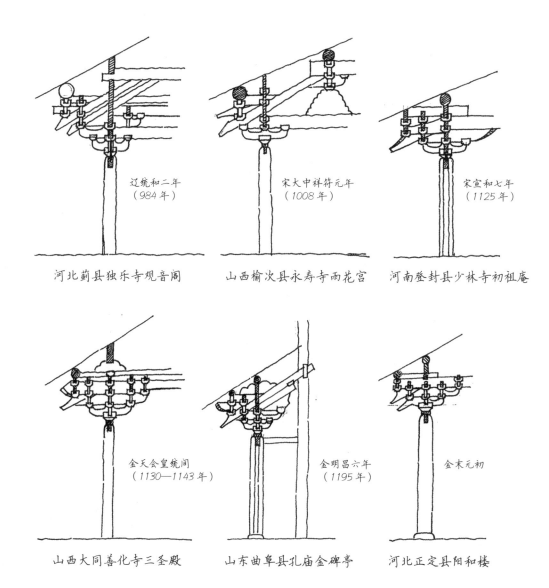

河北蓟县独乐寺观音阁　　　　山西榆次县永寿寺雨花宫　　　　河南登封县少林寺初祖庵

辽统和二年
（984年）

宋大中祥符元年
（1008年）

宋宣和七年
（1125年）

山西大同善化寺三圣殿　　　　山东曲阜县孔庙金碑亭　　　　河北正定县阳和楼

金天会皇统间
（1130—1143年）

金明昌六年
（1195年）

金末元初

▲ 图6-79　宋、辽、金铺作示意图

七、屋架举折做法

宋代官方编订的《营造法式》中，将屋顶坡度逐步上升的做法称为"举折"。"举"是指屋架的高度。在计算屋架的高度时，由于各檩条升高的幅度不一样，所以求得的屋面横断面的坡形不是一根直线，而是由若干折线段组成的，这就是"折"。宋代先按照房屋进深确定屋面坡度，将脊槫"举"到额定的高度，然后从上而下，逐架"折"下来，再求得各架槫的高度，形成曲线和曲面（图6-80）。

八、角柱生起解析

由于建筑的檐柱从当心间向两端升高，因此，檐口呈现出缓和的曲线，这在《营造法式》中称为"生起"。它规定当心间不升起，次间升2寸，以下各间依次递增。也就是五开间角柱比当心间柱高4寸，七开间高6寸，十三开间高1尺2寸（图6-81）。这种做法多见于唐、宋、辽、金时期。元、明、清时期已经不用。

九、侧脚之法

为了使建筑有较好的稳定性，宋代规定，建筑外檐柱在前后檐向内倾斜柱高的10/1000，在两山向内倾斜柱高的8/1000，而角柱在两个方向都有内倾，这种做法称为"侧脚"（图6-82）。如元代永乐宫三清殿就使用了这种做法，但明清时期大多不用。

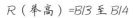
R（举高）=B/3 至 B/4

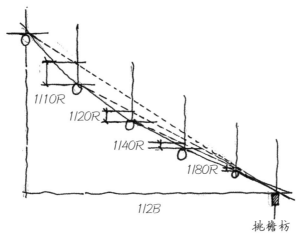

1/10R

1/20R

1/40R

1/80R

1/2B

挑檐枋

▲ 图 6-80　举折做法（ B 为总进深 ）

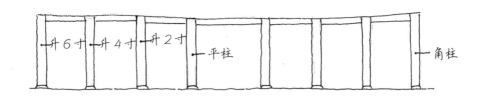

升6寸 升4寸 升2寸 平柱 角柱

▲ 图 6-81　宋式生起做法

正面柱侧角 1%

侧面柱0.8%

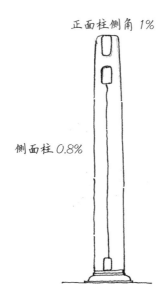

▲ 图 6-82　宋式侧脚做法

十、造月梁之规矩

梁按照外观可以分为直梁和月梁。月梁在汉代文献中又叫虹梁，宋代叫作月梁，特征是梁肩做成了弧形，梁底略往内凹，梁的侧面作琴面（将一个平面做分瓣卷杀处理）或雕刻，外观比较秀美（图6-83）。

在宋代建筑中，檩条末跨的背部放置"生头木"，使屋面在纵轴方向呈现曲面升起。它和因举架而形成的横向曲线相配合，使屋面略成一双曲面。这种做法在明清时期的建筑中则很少见。

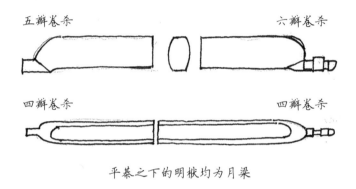

五瓣卷杀　　　　　　　　　　　　　　　六瓣卷杀

四瓣卷杀　　　　　　　　　　　　　　　四瓣卷杀

平棊之下的明栿均为月梁

▲ 图6-83　宋式月梁做法

十一、卷杀梭柱之案例

梭柱通俗的定义是：柱子上下两端（或仅上端）收小，如梭形。我国已知的最早的梭柱形象出现于河北定兴北齐义慈惠石柱（569年）上端的建筑上。山西五台山南禅寺大殿的抹角方柱和佛光寺大殿的圆柱都是木质直柱，仅上端略有卷杀。元代以后的重要建筑大多用直柱，但明代南方有些地方又开始使用梭柱。

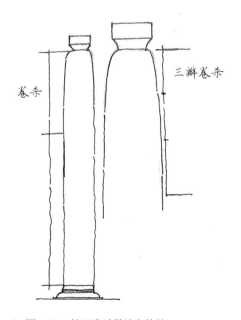

▲ 图6-84　柱子卷杀做法和梭柱

十二、宋式须弥座

建筑的须弥座是从佛像的木须弥座演化而来的，宋代须弥座还保持着木须弥座分层多而细密、雕饰细腻的特点。宋代须弥座有砖作和石作两类，砖须弥座由13层砖叠砌而成，除涩平层、壶门、柱子砖层外，各层都很薄，整体造型秀气精致（图6-85）。

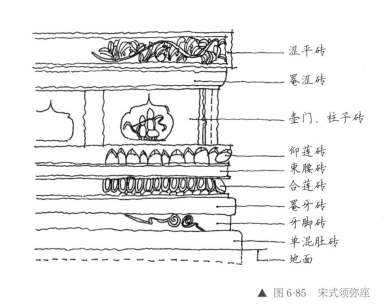

涩平砖
罨涩砖
壶门、柱子砖
仰莲砖
束腰砖
合莲砖
罨牙砖
牙脚砖
单混肚砖
地面

13层
分层细密
雕饰细腻

▲ 图 6-85　宋式须弥座

十三、宋式勾阑

仿木栏杆的石栏杆在隋唐以后才有，这与隋唐时期国力较强且工艺水平较高有关。《营造法式》中对寻杖栏杆的做法有详尽的记载，卷三《石作制度》中的石栏杆有两种：一为重台勾阑；二为单勾阑，即双层与单层栏板的寻杖栏杆。宋式勾阑在后世发展中望柱渐多，间距只有四尺（1.33米）左右，寻杖、盆唇、华板甚至用整块石材雕成，雕饰甚多。宋式勾阑的构成以"由许多分件组装而成"为特点，即使是较为简洁的单勾阑，分件也有九种之多，其寻杖细长，撮项瘦高，空档疏朗，华板镂空，整体造型纤长、秀美（图6-86）。

十四、宋式柱础

宋式柱础形式多样，有覆盆柱础、仰覆莲花柱础等。覆盆柱础最为常见，有素覆盆，也有带雕刻的覆盆，雕刻的花纹有波浪、蕙草、牡丹花、莲花、宝相花等。莲瓣柱础的花瓣上也可以施加装饰线纹，称为"宝装莲花柱础"（图6-87）。

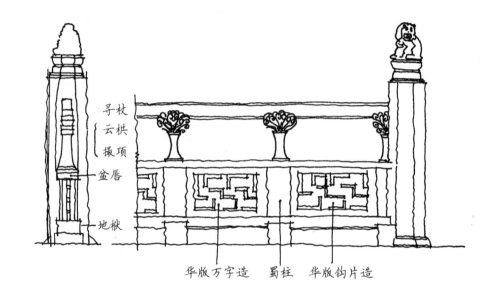

▲ 图6-86　宋式勾阑

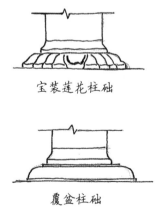

宝装莲花柱础

覆盆柱础

▲ 图6-87　宝装莲花柱础、覆盆柱础

十五、宋式门窗、平棋

格子门出现于五代，到宋代已广为流行。其特点是门的上部嵌透空的格子，既有利于采光，也丰富了建筑立面的装饰性，这是宋代建筑走向精巧、秀丽的重要因素。《营造法式》中提到了"四斜毬文格子门""四直方格子门"等数种格子形式。

阑槛勾窗是勾窗与勾阑的结合物，主要用于园林中的亭榭建筑，让人在窗边就可以倚靠在美人靠上休息，是一种集装饰和功能于一体的建筑构件（图 6-88）。

平棋是用枋木构成正方形、长方形、多边形的大格子，在其上盖上木板，并施彩画的一种天花。还有一种天花叫平闇，是用枋木构成正方形的小格子，做法要比平棋简单。图 6-89 中的两幅图案是平棋彩画的两种纹样，分别叫盘毯和琐子。

▲ 图 6-88　宋式阑槛勾窗

盘毯

琐子

▲ 图 6-89　宋式平棋的两种图案

第十节 宋式家具——建筑技术、艺术的定型化

　　垂足而坐的生活方式到两宋时已全面普及，宋以后彻底废弃矮式家具，由此形成了种类丰富的高型家具。家具在构造方面也出现了重要变化——梁柱式的框架结构取代了箱形壸门结构。生活方式的改变和家具尺度的增高，推动了室内高度的增加，同时也使室内家具布置更加灵活，形成对称与不对称两种方式。在装饰方面，装饰性线脚和枭混曲线的应用使得家具外观得到美化。

　　宋式家具大致可以分为桌案、椅凳、屏风三类。桌案类中具有代表性的有长方桌等；椅凳类中具有代表性的有方凳、靠背椅、折叠式的交椅、鼓凳等；屏风中典型的为折屏（图6-90）。

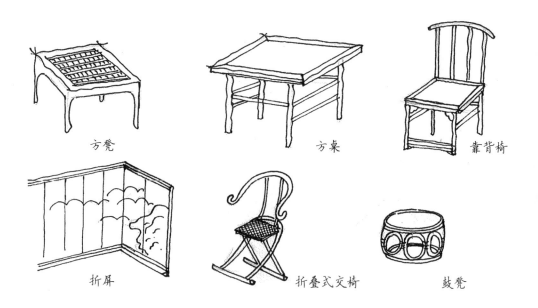

方凳　　　　　　　　　　　方桌　　　　　　　　靠背椅

折屏　　　　　　　折叠式交椅　　　　　鼓凳

▲ 图6-90　宋式家具

（1368—1911 年）

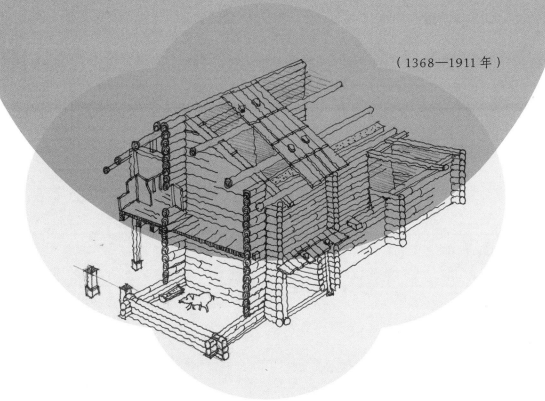

明代建筑发展成就如下：

城市

　　明代的北京城是古代都城建设的集大成者，紫禁城是院落式建筑群的最高典范。明代建筑群的布置更加成熟，如南京明孝陵和北京明十三陵便运用地形和环境来形成陵墓肃穆的气氛。

材料

　　木构——官式建筑到明代更加定型化、简便化：屋檐缩短，变平直；斗栱缩小，变密集；结构作用减少，梁柱构架的整体性加强，构架卷杀简化，另有一番端庄之韵味。江南地区的民居则灵巧多样。

　　砖石——砖开始大量用于日常建筑当中，砖墙的普及为硬山建筑的发展创造了条件。明代砖的质量和加工技术都有所提高，出现砖砌的长城、无梁殿（用于防火、储存经书），如南京灵谷寺的无梁殿。

　　琉璃——琉璃面砖和琉璃瓦的质量提高，应用更加广泛，如山西大同九龙壁、南京报恩寺琉璃塔，均使用了琉璃。

　　装饰——官式建筑的装修、彩画、装饰日趋定型化，彩画的主要类型是旋子彩画。

园林

　　官僚地主的私园发达，出现了《园冶》等造园专著。

特殊方面

　　明代还增加了金刚宝座塔这一佛塔的新类型，如北京大正觉寺（原名真觉寺，别称五塔寺）金刚宝座塔。

清代建筑艺术的成就如下：

材料

木构——单体建筑的设计更加简化，群体建筑与装修设计水平提高。"样式雷""算房刘"等建筑世家出现。

技术

建筑技艺有所创新，出现了水湿压弯法、对接与包镶法等。

著作

清代官式建筑在明代的基础上进一步定型化，出现了官方规范——《工程做法》，其中列举了27种单体建筑的大木作做法，并对一些做法、用工、用料做了规定，改宋代的"材""栔"模数系统为"斗口"模数系统。

园林

园林在清代达到了极盛时期，皇家园林和私家园林都十分兴盛，其影响远及欧洲。

特殊方面

藏传佛教建筑兴盛，顺治二年（1645年）开始建造的西藏拉萨布达拉宫，既是达赖喇嘛的宫殿，又是一座巨大的佛寺。同时，又出现了蒙藏建筑样式相结合的新型建筑，如河北承德外八庙。

另外，此时期的住宅建筑形式百花齐放、丰富多彩。

第一节　都城与府、县城

一、明清北京城

　　明清北京城有四道城墙，宫城、皇城、内城相套，外城位于南端，与前三套城墙组成一个"凸"字形。宫城位于城市中轴线上，使中轴线得到了进一步加强，形成了宏伟壮丽的景象。皇城布局继承了历代都城规划的一贯传统，礼制上较为规整，其规划布局完全符合"左祖右社，面朝后市"之传统。西侧增加了南海，形成了现在所见的北京"三海"（北海、中海、南海）。内城由元大都外城转变而来（元大都北城墙大量南移，南城墙从长安街移到了前门大街），外城因为明代经济原因，没有包住内城（图 7-1）。

　　明代北京的商业区分布与元大都不同，除鼓楼外又向南有所发展，但其他部分，如内城的街道、水系基本都沿袭了元大都的规划系统。明清北京城的城门数量可以按照"外 7 内 9 皇城 4"这个口诀记忆。

二、明平遥城

　　平遥古城自明洪武三年（1370 年）重建以后，基本保持了原有格局，平面基本接近方形，城内有"干"字形主路，两旁分布着商店。城内儒释道建筑都有修建，重点民居大多建于 1840—1911 年之间，布局严谨，轴线明确，左右对称，主次分明（图 7-2）。城内精巧的木雕、砖雕和石雕配以具有浓重乡土气息的剪纸窗花，十分具有地域特色。平遥古城生动体现了 14—19 世纪前后汉民族的建筑传统以及历史文化。

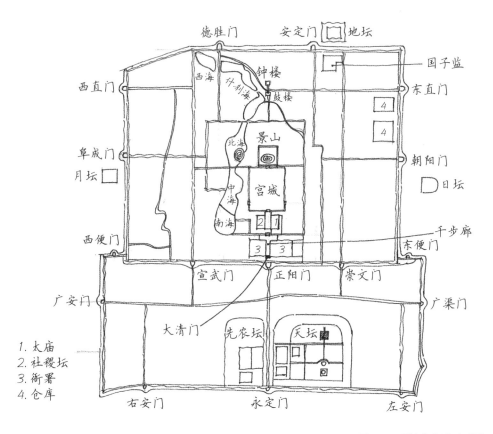

1. 太庙
2. 社稷坛
3. 衙署
4. 仓库

▲ 图 7-1 明清北京城平面图

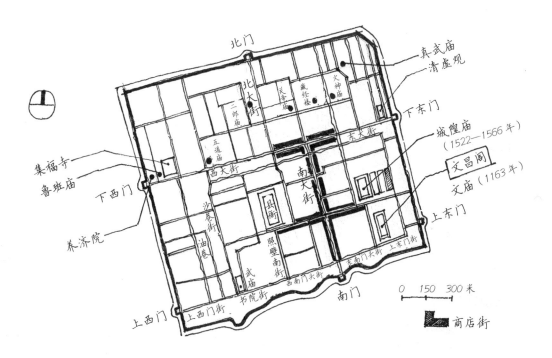

▲ 图 7-2 明代平遥城平面图

第二节　北京宫殿和盛京宫殿

一、北京紫禁城

　　明清北京宫城被称为紫禁城，宫墙外护城河环绕，四面开门，有南午门、北玄武门（清改为神武门），两侧有东华门和西华门，门上都设重檐门楼，城墙设四隅角楼。紫禁城的形制为择中立宫，左祖右社，前朝后寝，三朝五门。外朝、治朝、燕朝（三朝）对应太和殿、中和殿、保和殿，皋门、库门、雉门、应门、路门（五门）对应天安门、端门、午门、太和门、乾清门[①]。

　　紫禁城分为外朝部分和内廷部分。外朝部分包括武英殿、文华殿、前三殿（太和殿、中和殿、保和殿）及太和门等建筑。内廷部分又可划分为东、中、西三路。东路包括奉先殿、皇极殿、宁寿宫、乐寿堂、乾隆花园[②]；中路包括三宫（乾清宫、交泰殿、坤宁宫）、东六宫、西六宫、嫔妃住所；西路包括养心殿、慈宁宫、慈宁宫花园、寿康宫[③]、寿安宫[④]。其他建筑还有斋宫、东五所、西五所、南三所、手工业作坊等（图7-3）。

◆ 北京紫禁城太和殿

　　平面特点

　　太和殿面阔11间、进深5间12架椽，建筑面积为2377平方米。平面为金箱斗底槽，开间符合"明间＞次间＝梢间＞尽间"的规律；进深满足1：2：3：2：1的比例（图7-4）。

---

① 明代的五门是从大明门（对应清代大清门）开始算起的，到奉天门（对应清代太和门）终止。
② 乾隆花园在乐寿堂西侧，是宁寿宫中最重要的组成部分之一。
③ 寿康宫位于内廷外西路，慈宁宫西侧。
④ 寿安宫位于寿康宫以北，始建于明代，初名咸熙宫，嘉靖四年（1525年）改称咸安宫。

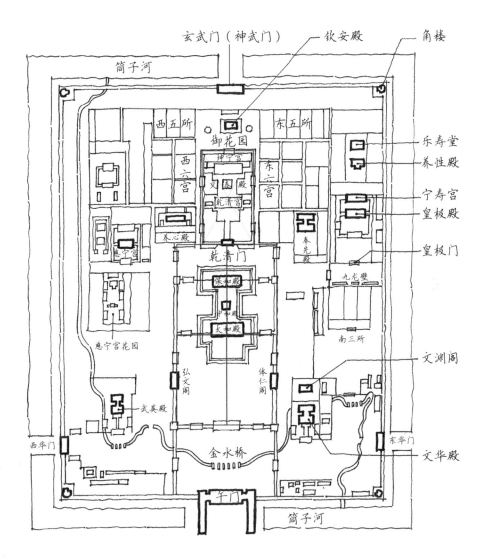

画图心得：紫禁城长961米，宽753米，比例为长/宽≈9/7，所以整体为长方形，中和殿位于几何中心，而前三殿和后三殿由5个相等的长方形组成"凸"字形（此处见图），乾清宫位于上方长方形对角线上，太和殿位于下方长方形对角线交点上。

▲ 图7-3　明清北京紫禁城平面图

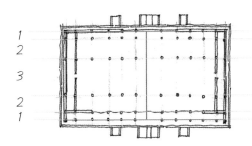

▲ 图7-4　太和殿平面图

图解中国古代建筑史

立面特点

立面辅助框是由两个正方形组成的，内部内切两个圆，立面高度分为四段，上层屋顶占两段，正脊长度为五开间（图7-5）。太和殿屋顶为重檐庑殿顶覆黄琉璃瓦，基座为汉白玉须弥座，台基为三层带月台的须弥座。斗栱为上檐九踩，下檐七踩，仙人走兽达11件，彩画为金龙和玺。

剖面特点

太和殿举高可以按1/3来算（即屋架高度为进深的1/3），而屋架高度和屋身的高度比为2：3，周围廊的斗栱正心檩高度大约为屋身高度的2/3（图7-6）。

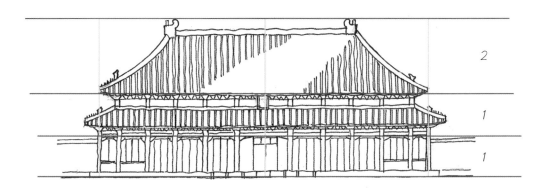

▲ 图7-5　太和殿立面图

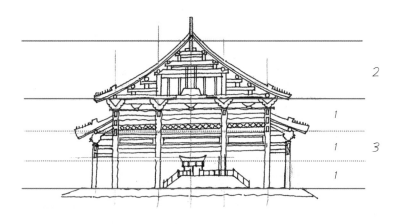

▲ 图7-6　太和殿剖面图

二、盛京宫殿

盛京宫殿位于沈阳,因为是清朝努尔哈赤和皇太极时期的宫殿,所以又被称作沈阳故宫。盛京宫殿位于沈阳旧城的中心,皇太极时期建筑群基本成型,之后在乾隆朝时又有所增建、扩建,最终形成了今天所见的样貌。

盛京宫殿占地约 6 万平方米,整体布局分东、中、西三路。中路是整个宫殿区的精华所在,也是皇帝进行政治活动与嫔妃居住的场所,遵循前朝后寝的礼制。大清门外中路由五进院落组成,第一进院落主要由两个乐亭和朝房、司房组成,为宫前礼仪性场所。第二进院落大门为大清门(相当于紫禁城中的午门),主殿为崇政殿(相当于紫禁城中的太和殿),面阔五间,前后出廊。第三进院落是前朝和后寝之间的过渡空间,主殿凤凰楼坐落于高台之上,楼高三层,为盛京宫殿中的最高建筑。第四进院落由清宁宫及其前方的四座配殿组成,其中清宁宫是皇太极和皇后的中宫,宫门开在东次间,以此让屋内西侧形成"筒子房"格局,东尽间为帝后寝宫,这种布局与紫禁城当中的坤宁宫极其相似。第五进院落为后宫服务空间。东路为一组狭长大院,北部居中为重檐八角攒尖顶的大政殿,殿前两侧呈梯形排列十座歇山顶小殿,被称为十王亭。西路为乾隆时期建造,修建有嘉荫堂、仰熙斋、文溯阁等(图 7-7)。

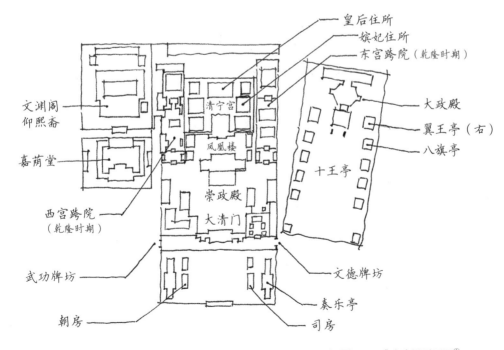

▲ 图 7-7 盛京宫殿平面图[①]

[①] 西宫跨院和东宫跨院都为乾隆时期增建。

第三节 明清坛庙

在远古时期，人类经常会受到风霜雨雪的袭击，由于缺乏科学的应对手段，人们对自然产生了恐惧与敬畏感，由此产生了人类原始的信仰。进入农业经济社会以后，由于生产生活对自然的依赖性加大了，自然界的变化直接决定着农作物的丰歉，也决定了人间的祸福，因此，对自然天地的崇拜进一步强化，随之发展出了对天、地、日、月的祭祀活动，然后由此诞生了用于祭祀活动的建筑。

一、北京天坛建筑群

天坛是明清两个朝代皇帝祭天、祈求丰年的场所，是明永乐十八年（1420年）与紫禁城同时修建完成的。现在的天坛中除了祈年门和皇乾殿为明代遗存之外，大部分建筑都经过清代重修与改建，其中，祈年殿是在清光绪十五年（1889年）被雷火击中焚毁后，按照原来的形制重建的。

天坛有内外两重坛墙，采用上圆下方（北圆南方）的平面形式，面积相当于紫禁城的3.7倍。超大规模的占地面积突出了天坛环境的恢宏壮阔，大片茂密的翠柏渲染出了天坛坛区的肃穆宁静。天坛的正门在西侧，神乐署和牺牲所位于两道坛墙之间的主路南侧，用于演习礼乐以及饲养祭祀用的牺畜。斋宫位于内坛墙入口南侧，坐西向东，是由两重宫墙、两道禁沟和163间回廊围成的正方形宫院，供皇帝斋戒用，斋宫的前殿为无梁殿。斋宫这样设计是因为皇帝是昊天上帝之子，强调出"天子"与"天"的亲缘与主次关系。

圜丘、祈年殿两组建筑通过丹陛桥的连接，形成了超长的主轴线，控制了超大的坛区空间（图7-8）。天坛当中通过一系列图形象征（天圆地方）、方位的象征、数的象征、色彩的象征，凸显了主题。

◆ 天坛圜丘

明代时，圜丘坛的尺寸偏小，坛面、栏板都采用蓝色琉璃。乾隆年间对其进行了扩建，坛身加大，坛面、栏板全部改用石材，坛身呈现出洁白、高雅、端庄的效果。

圜丘是皇帝在冬至日祭天的场所，其主体为三层露天圆台，周边环绕着两重低矮的坛墙。圜丘的设计极具象征性，它以圆象天，以方象地，以"阳数"（即奇数，如1、3、5）象征"天数"，以九象征"极阳数"。天坛圜丘有3层，坛面直径为9丈（约30米）、15丈（约50米）、21丈（约70米），全部符合阳数。坛面的环形铺面石，除圆心用一块圆石外，每层都铺9环，每环用石从1×9、2×9，一直到最外环的27×9，都是9的倍数，三层栏板的数目为36、72、108，也都是9的倍数。在圜丘以北是一组小型的圆形建筑——皇穹宇。皇穹宇采用了单檐攒尖，内供"昊天上帝"的牌位。皇穹宇、神厨、神库、宰牲亭等构成了圜丘的配套建筑（图7-9）。

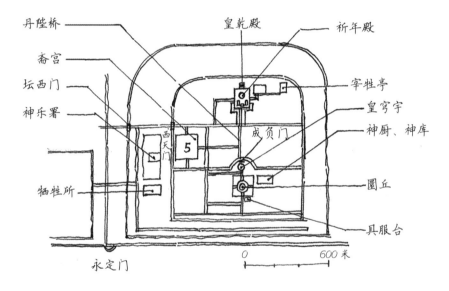

▲ 图 7-8　北京天坛建筑群平面图

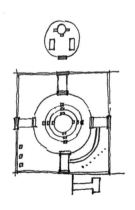

▲ 图 7-9　圜丘、皇穹宇组群平面图

◆ **天坛祈年殿**

　　祈年殿的前身是明永乐年间天坛的太祀殿，原来是天地合祭的场所。嘉靖年间改为天地分祭之后，太祀殿被拆除，在原址上建了三重檐攒尖顶圆殿，称大享殿，作为祈雨、祈丰年的场所；三重檐的颜色分别是青色、黄色、绿色，分别象征天、地、万物。

　　大享殿乾隆年间改名为祈年殿，并且三重檐全部改成了青色，形成了统一、庄重的色调。祈年殿的台基高 6 米，直径为 91 米，使祈年殿高大宏伟的形象得到强化。祈年殿的设计同样使用了象征的手法，以 4 根龙柱象征四季，以内圈的 12 根金柱象征 12 个月，以外圈的 12 根檐柱象征 12 个时辰，以内外两圈檐柱、金柱之和象征 24 个节气等（图 7-10）。

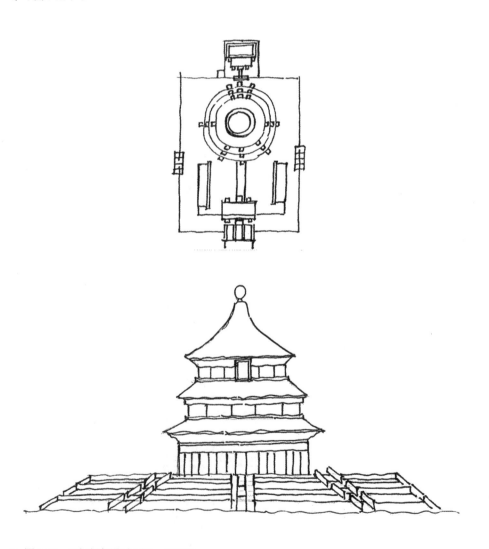

▲ 图 7-10　天坛祈年殿平面图、立面图

二、曲阜孔庙

　　孔庙的前身是由孔子的住宅发展而来的，历代在此都有增建、改建，目前所遗存的建筑群主要为明清时期所建。孔庙平面呈长方形，占地9.6万平方米，南北长651米，东西宽153米。孔庙共有九进院落，沿一条南北中轴线展开布置，左右对称，布局严谨。建筑分成三路：中路为大成门、杏坛、大成殿、寝殿、两庑，是祭祀孔子以及先儒、先贤的场所；东路是祭祀孔子上五代祖先的地方；西路为祭祀孔子父母的地方（图7-11）。

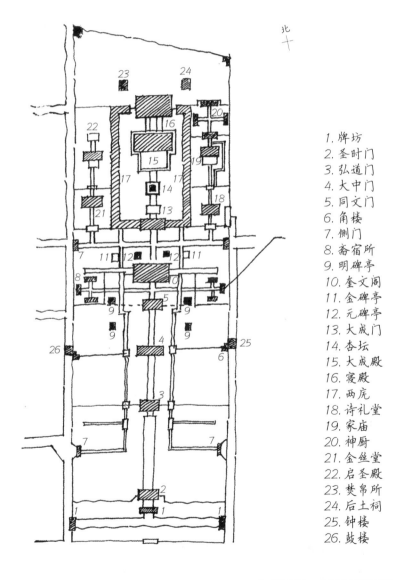

1. 牌坊
2. 圣时门
3. 弘道门
4. 大中门
5. 同文门
6. 角楼
7. 侧门
8. 斋宿所
9. 明碑亭
10. 奎文阁
11. 金碑亭
12. 元碑亭
13. 大成门
14. 杏坛
15. 大成殿
16. 寝殿
17. 两庑
18. 诗礼堂
19. 家庙
20. 神厨
21. 金丝堂
22. 启圣殿
23. 焚帛所
24. 后土祠
25. 钟楼
26. 鼓楼

▲ 图7-11　曲阜孔庙平面图

第四节　明清宗教建筑

　　明清时期的寺庙更加规整化，大多依中轴线对称布置建筑，如山门、钟鼓楼、天王殿、大雄宝殿、配殿、藏经楼等，塔已经很少出现。转轮藏、罗汉堂、戒坛以及经幢等依然流行，但数量也不多。方丈院、僧舍、斋堂、厨房等布置于寺庙一侧。

　　中国道家的建筑一直没有形成自己独特的系统和风格。道教建筑一般称为宫、观、院，布局方式大体遵照中国传统宫殿和祠庙的体制，建筑以殿堂、楼阁为主，依中轴线作对称布置。

　　伊斯兰教在唐代时从西亚传入了中国。清真寺中经常有光塔以及浴室，殿内不置神像，仅设朝向圣地麦加的供参拜的神龛，建筑常用砖或石砌成拱券或穹隆，装饰纹样只用可兰经文或植物与几何图案等。建造较晚的寺院，除了神龛和装饰题材外，所有建筑的结构与外观都已经采用中国传统的木构架形式。

一、北京西直门外大正觉寺塔

　　大正觉寺塔属于金刚宝座塔。金刚宝座塔以一个台座上立"一大四小"五座密檐小塔为基本特征，塔可为密檐，可为喇嘛塔。佛教经典中说须弥山有五座山峰，为诸神聚居处。金刚宝座塔就是须弥山的象征，它是从印度菩提迦耶塔演变而来的。现存的这种塔均建于明清两代，数量很少。大正觉寺又称五塔寺，建于明初，塔建于明成化年间，开创了我国建此类塔的先河。该塔是在由须弥座和五层佛龛组成的矩形平面高台上，再建五座密檐方塔。台座南面开一高大的拱门，由此可拾级而上。台上密檐塔中以中间的一座最高，共有 13 层，其余较矮，均为 11 层（图 7-12）。

二、碧云寺金刚宝座塔

　　碧云寺金刚宝座塔位于北京香山碧云寺后部，建于乾隆年间（1736—1796 年）。碧云寺金刚宝座塔由下部高大的台基和上部塔群组成。台基上方中心有一座 13 层密檐塔，四角环绕四座略矮的 11 层密檐塔，台基前部两侧各立一座小喇嘛塔；台面中部为登台罩亭，罩亭的顶上又放置了一组小金刚宝座塔（图 7-13）。

底层平面　　　　上层平面

0 2 4米

▲ 图 7-12　北京大正觉寺塔平面图、立面图

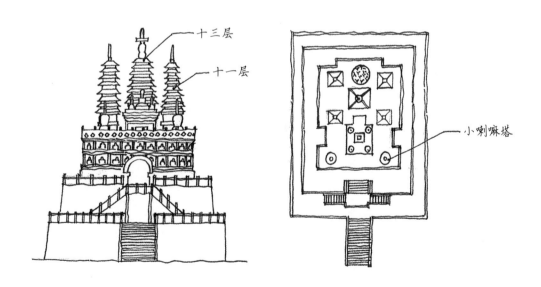

十三层

十一层

小喇嘛塔

▲ 图 7-13　碧云寺金刚宝座塔平面图、立面图

三、承德外八庙：普陀宗乘之庙

外八庙（清代八座皇家蒙藏风格的寺庙，其中一座已毁）位于承德避暑山庄外东、北两面的丘陵上，是康熙、乾隆年间建造的。普陀宗乘之庙是外八庙中规模最大的一处，建筑仿照拉萨布达拉宫。其所处地势北高南低，寺院依山而建，分前、中、后三部分。前部为院墙围合的两重大院，中轴线上设山门、碑亭、五塔门和琉璃牌楼，轴线两侧不规则地散布数座白台；中部沿缓坡散点布置形态不一、功能各异的白台和喇嘛塔台；后部高坡上建大红台，为全寺主体建筑群（图7-14）。

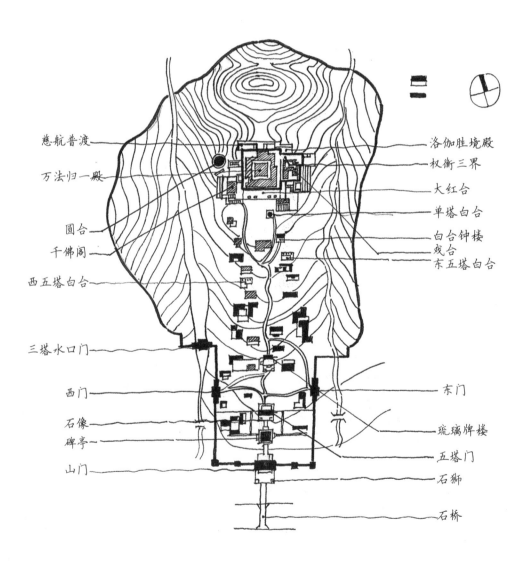

▲ 图7-14　承德普陀宗乘之庙平面图

大红台模仿布达拉宫的形制，下部是高 17 米、设三层假窗的白色基座，基座上中部红台和东西两侧白台组成庞大的整体。红台上有主殿万法归一殿及群楼，红台正面看上去有七层窗，下四层为实台假窗，上三层为群楼真窗，台上还有四方亭、六方亭等建筑。西侧白台上有千佛阁小院，东侧白台上有洛伽胜境殿、戏台、权衡三界等建筑。它们构成了气势宏大、错落有致的大红台组群的整体形象（图 7-15）。

普陀宗乘之庙大红台立面图

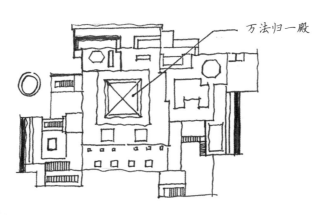

万法归一殿

普陀宗乘之庙大红台平面图

▲ 图 7-15　承德普陀宗乘之庙大红台平面图、立面图

四、北京智化寺

智化寺位于北京朝阳门内，由明仁宗、宣宗、英宗三朝的太监王振所建，是北京城内现存比较完整的一组明代寺院建筑。

全寺分南北两部分。南区主体部分为三进院，其格局符合"伽蓝七堂"（寺庙中的七座主要建筑）的寺院模式。由山门进入的第一进院，主体建筑为智化门（即天王殿），第一进院内东西峙立着钟楼、鼓楼；第二进院为智化殿院，正殿明间后部出抱厦，东侧配殿为大智殿，西侧配殿为转轮藏殿；第三进院仅存的两层楼阁式建筑——如来殿（万佛阁），是全寺的主体建筑，两侧原有廊庑（或围墙）已毁（图7-16）。据《乾隆京城全图》记载，智化寺南区主体部分的东西两侧原来各有四重小院，现已不在，仅剩东、西甬道通向北区。北区分东、中、西三路，中路为北区主体，东西两侧为服务性院落。

五、喀什阿巴伙加玛札

阿巴伙加玛札位于喀什市东郊，是新疆伊斯兰教白山派首领阿巴伙加家族的陵园。始建于清代初年（17世纪后期），后经改建、扩建形成现有规模，占地超过26万平方米。主墓室为整个陵园的主体建筑，坐北朝南，墓室平面接近方形，中心突起直径为16米的大穹隆顶，穹顶由四个尖拱支撑，尖拱由四周厚墙支托，厚墙由四角塔楼加固（图7-17）。内部空间全部刷白，立面砌有尖拱龛。穹顶、塔楼和龛外墙面均镶贴绿色琉璃砖，间以紫色花砖装饰。

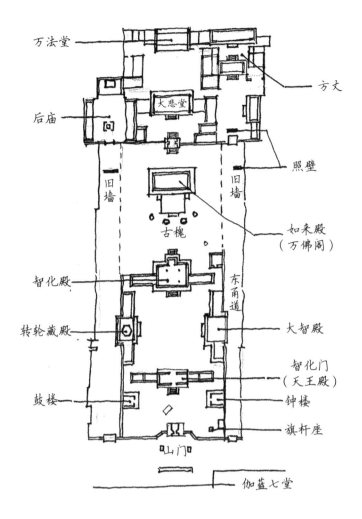

万法堂

方丈

后庙

大悲堂

照壁

旧墙

旧墙

古槐

如来殿
（万佛阁）

智化殿

东甬道

转轮藏殿

大智殿

智化门
（天王殿）

鼓楼

钟楼

旗杆座

山门

伽蓝七堂

▲ 图 7-16　北京智化寺平面图

镶贴绿色琉璃砖

▲ 图 7-17　喀什阿巴伙加玛札主墓室

第五节　明清陵寝

　　明代帝陵的地下宫殿上起圆形坟，称为宝顶，并用墙垣包绕，称为宝城。宝顶南侧建方城明楼。至此，地面陵体完成了人工构筑物技术和形象上（由方形向圆形）的转变。明代帝陵将陵体、祭祀建筑串联在轴线上，并且在祭区形成三进院落，更加突出了朝拜祭祀的重要性。北京明十三陵共用一条神道，这也是明代特有的做法。

　　辽宁新宾建永陵（清帝祖陵）、沈阳建福陵（努尔哈赤陵）、昭陵（皇太极陵），通称"关外三陵"。清入关后，分别在河北遵化和易县建东陵和西陵两大陵区，从顺治开始的各代皇帝（除末代皇帝溥仪外）都分葬于东、西两陵。清制规定，如皇后死于皇帝之前，可随皇帝入葬帝陵，否则另建后陵。

一、明十三陵

　　明十三陵位于北京昌平天寿山南麓（图7-18）。明永乐帝及以后诸帝，除景泰帝葬于北京西郊的金山外，13位皇帝都埋葬于此。十三个陵寝共用一条长6.6千米的神道。神道以石牌坊为起点，依次设置大红门、碑亭、望柱、石象生和棂星门。这条神道是由建筑小品和大型石雕混合形成的"建筑仪仗队"，可以实现以少量的建筑控制广阔的陵区空间的目的，并强化了陵区的整体性，使陵区的庄严肃穆和皇家的高贵显赫得到充分的凸显。

◆ 明长陵

　　明长陵是十三陵的首陵，规模最大，地位也最为显要。明长陵的平面布局采用"前朝后寝"的模式，由三进院落和其后的宝城、宝顶组成。入陵门为第一进院落。入祾恩门为第二进院，长陵主体建筑祾恩殿矗立在此院中央。入内红门为第三进院，内设屏风式二柱门和石五供。第三进院正北设宝城、宝顶，宝城周长1千米，宝顶封土下为皇帝的地宫，宝城的正门为方城明楼（图7-19）。

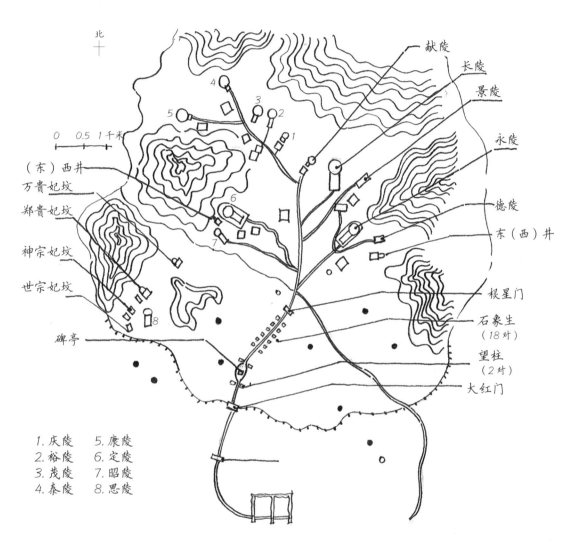

北

0 0.5 1千米

献陵
长陵
景陵
永陵
德陵
东（西）井
棂星门
石象生（18对）
望柱（2对）
大红门

（东）西井
万贵妃坟
郑贵妃坟
神宗妃坟
世宗妃坟
碑亭

1.庆陵　5.康陵
2.裕陵　6.定陵
3.茂陵　7.昭陵
4.泰陵　8.思陵

▲ 图7-18　明十三陵平面图

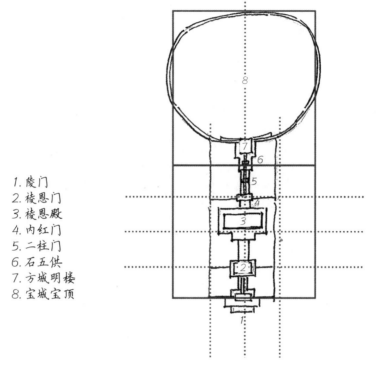

1. 陵门
2. 祾恩门
3. 祾恩殿
4. 内红门
5. 二柱门
6. 石五供
7. 方城明楼
8. 宝城宝顶

▲ 图 7-19　明长陵平面图

明长陵平面图绘图步骤：

1. 根据纸张大小绘制两个红色的正方形辅助框，两个框分别将三进院落和宝城宝顶包括在内。
2. 对下面的正方形辅助框做分割，横向、纵向都划分为四段，也就是五节。
3. 横向的五节点分别为陵门、祾恩门、祾恩殿前檐、内红门、石五供，纵向五节点分别为宝城宝顶左右端、三进院左右墙及整个院落中轴线。
4. 根据辅助框和辅助虚线画出外廓和内部节点建筑。
5. 在上面的正方形辅助框内绘制方城明楼和宝城宝顶，根据上述的图标出相应的名称。

　　长陵祾恩殿是仿照明代前朝主殿奉天殿建造的，是永乐帝朱棣的享堂。台基为三层汉白玉石，栏板上刻有荷叶净瓶纹饰，望柱上盘以云龙翔凤，高 3.13 米，占地面积达 4400 多平方米。祾恩殿正脊至台基地面高 25.1 米。大殿面阔九间（66.64 米），进深五间（29.30 米），构件全部是楠木，不加彩画修饰（图 7-20 ~ 图 7-22）。古色古香的楠木象征了后代给祖先敬奉的一炷炷高香，大殿整体显得清新雅致。

▲ 图 7-20　长陵明楼宝顶剖面图

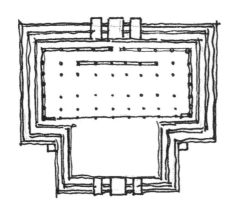

▲ 图 7-21　长陵祾恩殿平面图

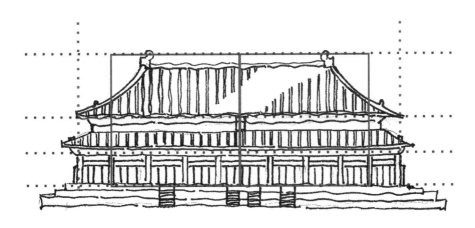

▲ 图 7-22　长陵祾恩殿立面图

长陵祾恩殿立面图绘图步骤：

1. 绘制两个方形辅助框，这两个框上到鸱吻顶端，下到屋身底端，左右到尽间。

2. 沿立面方向画两条虚线，控制 a/4 宽度，这样便确定出殿身总长度。

3. 开始划分立面开间，记住一个总原则：明间＞次间＝梢间＞尽间。

4. 高度方向可以均分为 4 段，从下到上依次为屋身底部、斗栱底部、上檐口。

5. 确定正脊，在房屋 5 开间处，大部分 7～11 开间的建筑，屋顶正脊都在 5 开间处。

6. 补充大殿的三重台基，完善屋顶瓦线。

◆ **明定陵地宫**

　　定陵是明神宗（1573—1620年）的陵墓。定陵的地宫位于明楼的正后部，是陵墓建筑中的主要部分，其中埋葬着明神宗朱翊钧和两位皇后（孝端皇后、孝靖皇后）。地下宫殿距地面27米，总面积为1195平方米，地宫由前、中、后、左、右五室组成，五室均为石筒形拱，前室与中室连成一条长方形的甬道，后室与前室和中室形成一个"丁"字形。中室左、右两侧有两条甬道通向左、右配殿（图7-23）。

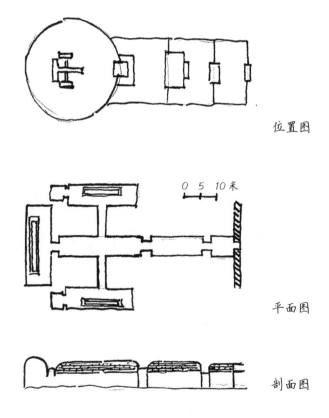

位置图

平面图

剖面图

▲ 图7-23　明定陵地宫位置图、平面图、剖面图

二、清东陵

清东陵位于河北省遵化市，是清代五位皇帝及皇室宗亲的陵园，由15座陵园组成。清世祖顺治皇帝的孝陵位于中轴线上，其余皇帝的陵寝则以孝陵为中轴线，依山势在其东西两侧呈扇形排列开来（图7-24）。

孝陵对风水学中的形势理论把握得恰到好处，有靠山（陵墓后靠之山）、案山（墓穴与朝山之间的小山）、朝山（陵寝正前方所对之山）和护砂（陵寝左右的山丘），靠山、案山、朝山的连线即为孝陵建筑的轴线。在绘图时，对于清东陵风水形式的分析主要从墓穴与山体的相对位置出发，只要抓住墓穴、靠山、案山、朝山所形成的风水线即可（图7-25）。

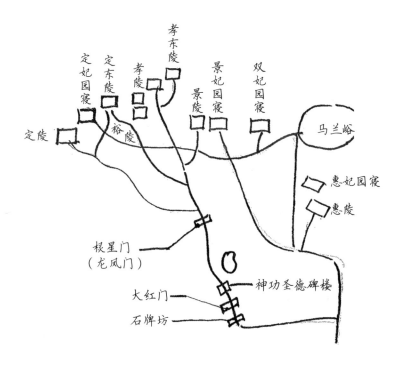

▲ 图7-24　清东陵分布示意图

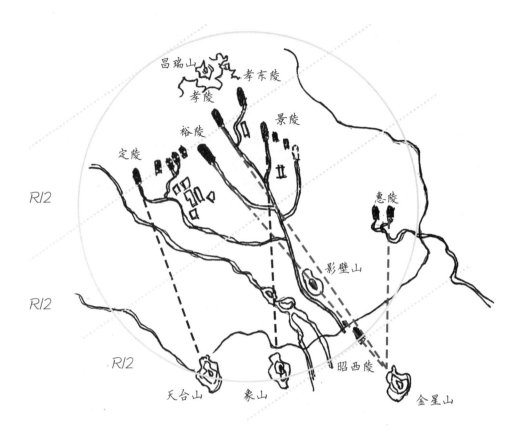

▲ 图 7-25　清东陵风水理论示意图

绘图步骤：

1. 用圆形辅助框线来确定陵墙（风水墙）的大体位置，陵墙基本位于圆形辅助框的下半圆当中。

2. 沿直径方向对圆进行四等分，如图虚线所示，第一个 R/4 虚线上可以串联起 3 座帝陵，其中孝陵和定陵位于虚线之上，裕陵位于虚线之下。

3. 景陵和惠陵位于右半圆处，根据虚线确定其大概位置。

4. 确定靠山、案山、朝山，靠山昌瑞山位于孝陵之后。

5. 确定朝山，昌瑞山引出一条线过圆心后，超出圆便可确定朝山金星山。天台山和象山两座朝山皆位于圆周之上。

6. 案山影壁山位于孝陵与金星山的连线之上。

7. 最后画出风水轴线，即图中的粗体虚线。

（清孝陵、清裕陵、清惠陵共用朝山，清景陵、清定陵各有朝山）

在靠山和朝山之间有一条长约6千米的神道，神道上依次排布着石牌坊、大红门、碑楼、石象生（18对）、棂星门、一孔桥、七孔桥、五孔桥、东西下马牌、三路三孔桥及平桥，这些建筑小品在广袤的山体之中限定出一定的区域，随山体由南至北依次升高（图7-26）。

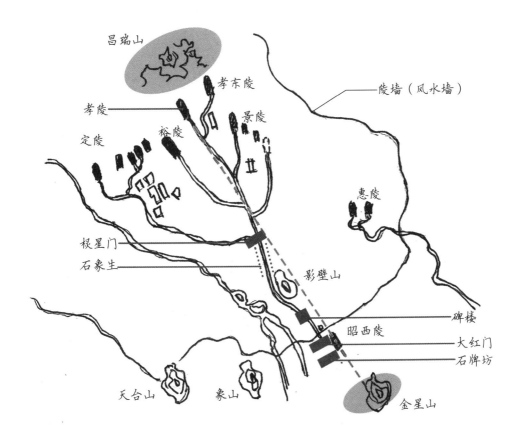

▲ 图7-26　清东陵神道示意图

清东陵神道绘图要点：

1. 昌瑞山和金星山之间的神道并不是一条笔直的直线，多处有曲折，影壁山处为形成案山，神道出现转弯，还有其他受地形影响处也会因地制宜，使用曲线道路。

2. 石牌坊、大红门、碑楼、石象生、棂星门的顺序注意不能颠倒。

3. 棂星门是神道上一处重要的建筑小品，位于主神道与定陵神道之间的交叉处。

◆ 清东陵孝陵

　　孝陵的陵园格局与明陵陵园相似，但略有变化，也是由前面的三进院加上后方的宝城、宝顶组成。入三路三孔桥为第一进院，可见到院中主体建筑碑亭；入隆恩门为第二进院，院内设隆恩殿和配殿；入琉璃花门为第三进院，设二柱门、石五供和方城明楼，再后为椭圆形的宝城、宝顶（图7-27）。清东陵的其他帝陵陵园与孝陵近似，只是地面建筑略有减少，神道石象生明显降等（即石象生数量有所减少）。

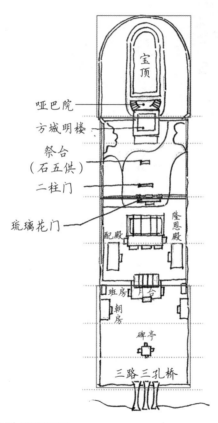

▲ 图7-27　清东陵孝陵平面图

孝陵平面图绘图步骤：

1. 孝陵平面图可由四个正方形辅助框构成，从下到上正方形边长分别为 a、b、b、a（$a>b$）。

2. 绘制一条中轴线，如图虚线所示（这一步在中国古建筑中常用）。

3. 第一个辅助框：均分为三段，分别对应碑亭中部、朝房南部。

4. 第二个辅助框：均分为两端，中线对应月台前沿。

5. 第三个辅助框：均分为三端，第三段对应方城明楼台阶前沿。

6. 第四个辅助框：在其内部绘制宝城宝顶，注意一定不要漏掉哑巴院。

7. 最后将剩余的配殿以及所标文字注明。

第六节　明清王府

一、曲阜孔府

曲阜孔府位于孔庙东侧，重建于明弘治年间（1488—1505 年），是孔子嫡系后裔衍圣公的府邸，也称衍圣公府，是我国现存规模最大的王府之一。

孔府布局分东、中、西三路。孔府中重要的建筑都分布在中路，包括六进院落和一个花园。六进院落分为外三进和内三进，分界线为内宅门。第一进院落为仪门院，是进入大堂的过渡空间。第二进院落由大堂[①]和十几间东西庑组成，大堂主要用于接见官员和举行重要仪式，东西庑为明代的六科办公房屋；大堂后为二堂[②]，是衍圣公日常处理政务的建筑，大堂与二堂之间以穿堂连接，形成"工"字形平面。第三进院落中主殿为三堂[③]，三堂是处理内务的地方。大堂、二堂、三堂和两侧的十几间东西庑共同组成的"三堂六厅"格局是明清两朝衙署建筑的典型格局。内宅门以北就是孔府的内宅，用于孔府家族内部活动。第四进院落正房为前上房，是接待至亲和近支族人的场所，如果有婚丧嫁娶也在前上房举行。第五、第六进院落正房分别为前堂楼、后堂楼，主要用作衍圣公和家眷的居所。这种前办公后居住的模式是宫殿当中前朝后寝模式的简化、缩小版。东路又称东学，西路也称西学（图 7-28）。

二、北京恭王府

北京恭王府坐落在北京西城区前海西街，原是乾隆时期大学士和珅的宅邸，和珅获罪后，改为庆王府，咸丰年间又转为道光帝第六子恭亲王奕訢的王府。恭王府分为府邸和花园两大部分。府邸建筑分中、东、西三路。中路是王府的主体所在，中轴线上依次有大门、二门、主殿银安殿、后殿嘉乐堂（图 7-29）。银安殿是恭亲王召见臣僚和举行大典的场所，现正殿及东西配殿已毁。后殿嘉乐堂按照规划是亲王的寝殿，但实际上只是礼仪性建筑。东西两路均为三进院，为日常起居、读书、会客用房。

---

① 大堂即正厅。
② 二堂即后厅。
③ 三堂即退厅。

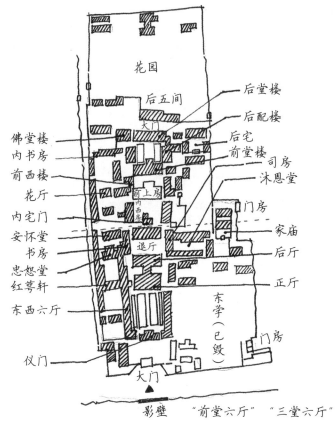

佛堂楼
内书房
前西楼
花厅
内宅门
安怀堂
书房
忠恕堂
红萼轩
东西六厅
仪门

花园
后五间
大门
前上房
内西房
退厅

后堂楼
后配楼
后宅
前堂楼
司房
沐恩堂
门房
家庙
后厅
正厅

东学（已毁）
门房

大门

影壁 "前堂六厅" "三堂六厅"

▲ 图 7-28 曲阜孔府平面图

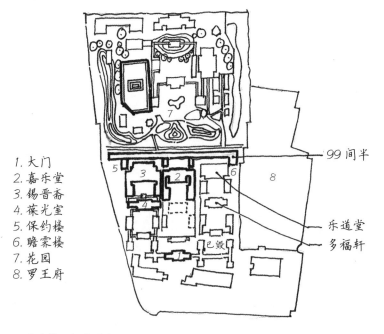

1. 大门
2. 嘉乐堂
3. 锡晋斋
4. 葆光室
5. 保约楼
6. 瞻霁楼
7. 花园
8. 罗王府

99 间半

乐道堂
多福轩

▲ 图 7-29 北京恭王府平面图

第七节　清代皇家园林

一、北京"三山五园"

　　清乾隆中期，在北京西北郊形成了庞大的皇家园林组群，这是中国皇家宫苑造园艺术的精华，其中有五座园林最为突出：圆明园、清漪园（万寿山）、畅春园、静宜园（香山）、静明园（玉泉山）（图7-30）。圆明园包括圆明、长春、绮春（万春）三园，属于大型人工山水园，人工开凿的水面占总面积的一半以上。清漪园是"三山五园"中最后建成的大型天然山水园，于1860年被英法联军焚毁，后经重建改名为颐和园。畅春园是康熙首次南巡后，全面引进江南造园艺术建造的皇家大型人工山水园。

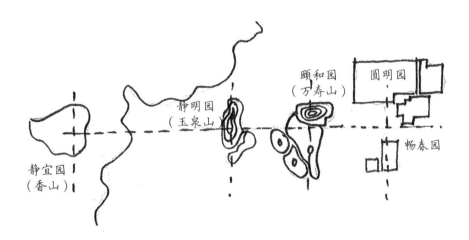

▲ 图7-30　北京"三山五园"示意图

◆ **颐和园**

　　颐和园原名清漪园，是乾隆皇帝为给崇庆皇太后祝寿而修建的大型山水园。首先在万寿山（瓮山）前山建大报恩延寿寺，接着，乾隆皇帝以杭州西湖为蓝本，结合山前的昆明湖（西湖），最终营造形成清漪园的基本规模。清漪园的修建过程充满了艰辛，最大的问题就是：如何将存在诸多缺陷的万寿山和昆明湖进行改造，形成优越的山水格局和景观环境。后来对山形进行修理，对水体进行疏浚，解决了原始山水存在的问题。清漪园大致可以分为三个区：宫廷区、前山前湖景区、后山后湖景区。

宫廷区位于昆明湖的东北角岸，包括东宫门、"外朝""内廷"、德和园戏台等辅助建筑。前山前湖景区即万寿山的南坡和昆明湖[①]，昆明湖是清代皇家园林中最大的水面，根据杭州西湖的规划手法，将整个湖面分为里湖、外湖、西北水域三个部分，又遵循"一池三山"的古制，在昆明湖中放置南湖岛、治镜阁、藻鉴堂三个大岛和知春亭、凤凰墩、小西泠三个小岛，将皇家园林的气势表达到了极限。后山后湖景区即万寿山的北坡和后溪河[②]（图7-31）。

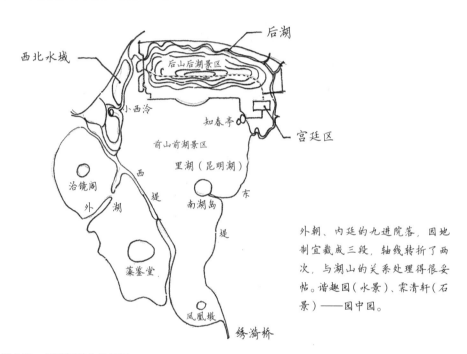

外朝、内廷的九进院落，因地制宜截成三段，轴线转折了两次，与湖山的关系处理得很妥帖。谐趣园（水景）、霁清轩（石景）——园中园。

▲ 图7-31 颐和园总体布局图

颐和园前山景区有东西、南北两条轴线。大报恩延寿寺构成南北向主轴线，位于前山半山腰，院落随山体依次升高，轴线上排布有排云门、排云殿、佛香阁、智慧海。主轴线两侧有两对副轴线，第一对副轴线上有寝宫清华轩（清漪园时称作罗汉堂），第二对副轴线上有介寿堂（清漪园时称作慈福楼），它们簇拥着中心的大报恩延寿寺。东西轴线与湖岸相平行，连接岸边亭阁。前山景区运用了"寺包山"和"山包寺"两种处理方式：南北主轴线为"寺包山"，建筑占据主导地位，朝宫、寝宫、佛寺雄踞于山坡之上；两对副轴线为"山包寺"，建筑点缀在山坡之上，正所谓"既具湖山之胜概，能无亭台之点缀乎"。前湖采取了岛式布局与堤式布局相结合的做法，使皇家的气派展露无疑（图7-32、图7-33）。

---

① 根据位置，昆明湖分为里湖、外湖和西北水域。
② 后溪河位于后山与北宫墙之间。

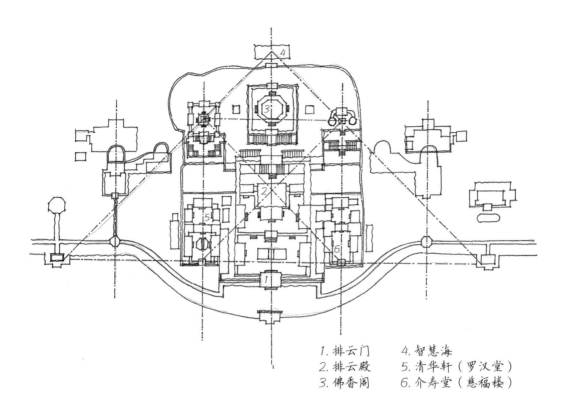

1. 排云门　　4. 智慧海
2. 排云殿　　5. 清华轩（罗汉堂）
3. 佛香阁　　6. 介寿堂（慈福楼）

▲ 图 7-32　颐和园前山景区布局图

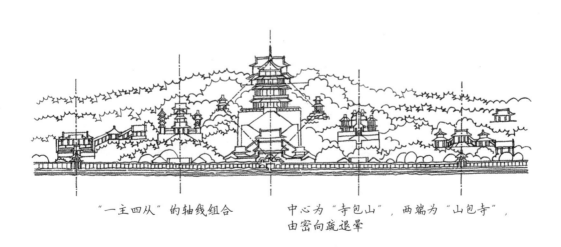

"一主四从"的轴线组合　　　　中心为"寺包山"，两端为"山包寺"，由密向疏退晕

▲ 图 7-33　颐和园前山景区效果图布局分析

后山建筑规模要比前山小很多，除了中央的仿藏式大型佛寺须弥灵境外，均为小型景点建筑。后山也没有前山广阔无垠的湖面，只有一条后溪河，即后湖。后湖与山体形成"两山夹水"的格局，因此，围绕着后湖形成了几个雅致的小园林（图7-34）。东部有谐趣园、霁清轩，谐趣园以水景取胜，而霁清轩以石景为主，它们都是典型的园中之园。

谐趣园位于颐和园的东北角，园子面积虽然不大，却处理得别有洞天，湖的形式、游廊的走向都设计得极为精致，是"园中之园"的精品。这座小园是清乾隆时仿无锡惠山脚下的寄畅园建造的，原名惠山园，嘉庆时重修，改名为"谐趣园"。园中主体为一个自由的曲尺形湖面，围绕着湖有亭、台、堂、榭十三处，并有百间游廊和五座形式不同的桥将它们联系起来（图7-35）。园中最著名的景点是知鱼桥，名称取自《庄子·秋水》中记录的庄子和惠子的一次关于"鱼知乐"的辩论。

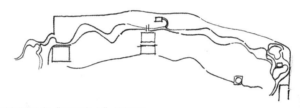

▲ 图 7-34　颐和园后湖"两山夹水"格局图

1. 园门
2. 澄爽斋
3. 瞩新楼
4. 涵远堂
5. 湛清轩
6. 兰亭
7. 小有天
8. 知春堂
9. 知鱼桥
10. 澹碧
11. 饮绿
12. 洗秋
13. 引镜
14. 知春亭

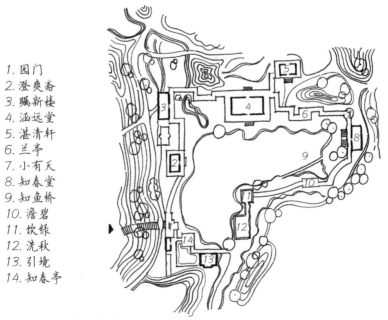

▲ 图 7-35　颐和园谐趣园平面图

二、承德避暑山庄

避暑山庄位于河北承德市区北部，建造时间为康熙四十二年（1703年）至乾隆五十五年（1790年）。避暑山庄的营建，表面上是出于避暑、习武的需要，但更主要的目的是笼络蒙、藏地区的上层，从而实施康熙帝的怀柔政策。

避暑山庄占地564公顷，相当于八个紫禁城的大小，是中国现存面积最大的皇家园林。避暑山庄分为宫殿区、湖泊区、平原区和山岳区。宫殿区位于山庄南端，包括正宫、东宫、松鹤斋、万壑松风四组建筑。湖泊区是避暑山庄的精华所在，以山环水，以水绕岛，用洲、岛、桥、堤划分出大小不同的水域，展现出一派宁静祥和的水乡风貌。平原区以草场为主，貌似塞外草原。山岳区占全园面积的4/5，有四条天然沟壑（如图中虚线所示），山间点缀了一些景观建筑，辽阔的山岳区以"锤峰落照""南山积雪""四面云山"三亭限定出了北、西北、西三面山区的景观，从而使整个景区显得有条理、有章法（图7-36、图7-37）。

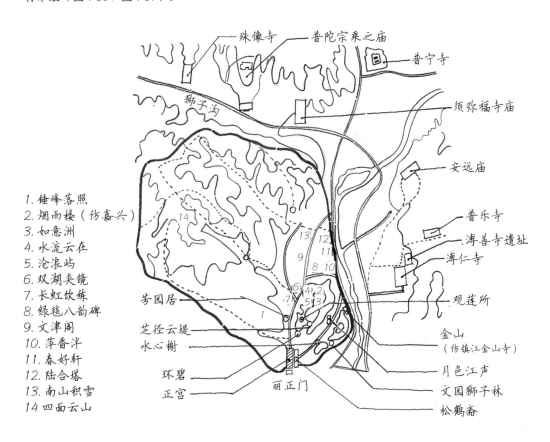

1. 锤峰落照
2. 烟雨楼（仿嘉兴）
3. 如意洲
4. 水流云在
5. 沧浪屿
6. 双湖夹镜
7. 长虹饮练
8. 绿毯八韵碑
9. 文津阁
10. 苹香沜
11. 春好轩
12. 陆合塔
13. 南山积雪
14 四面云山

▲ 图7-36 承德避暑山庄总平面图

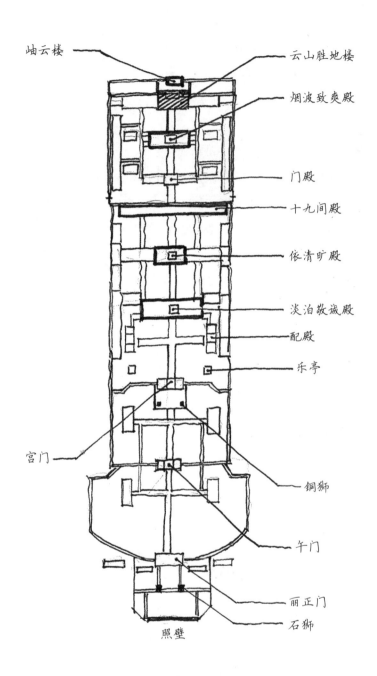

岫云楼 —————————————— 云山胜地楼

云山胜地楼

烟波致爽殿

门殿

十九间殿

依清旷殿

淡泊敬诚殿

配殿

乐亭

宫门

铜狮

午门

丽正门

石狮

照壁

▲ 图 7-37　避暑山庄正宫平面图

第八节　明清私家园林

孔子曾有"仁者乐山，智者乐水"的山水审美观。中国神仙思想的发展，刺激了帝王的求仙活动，同时也激发了人们对神山仙岛的向往和渴求。真实山水和人造仙境的综合设计，大大提升了人们观赏、游玩的兴致。尤其到明清时期，私家园林更变成了一门"虽由人作，宛自天开"的艺术。

一、苏州拙政园

苏州拙政园是明御史王献臣的私园，由当时的画家文征明设计，建于明正德年间（1506—1521 年）。拙政园共占地约 62 亩（约 41 333 平方米），分东、中、西三个部分（图 7-38）。

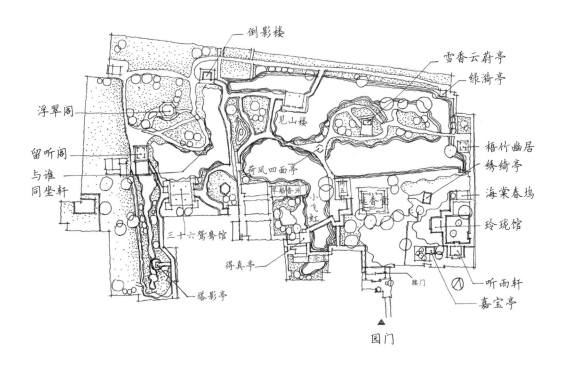

▲ 图 7-38　苏州拙政园西部、中部平面图

中部是全园精华所在，在园林设计上尤为突出。山无水不活，水无山不灵，水是拙政园脉络气韵的根源。园中大片水面中堆置着两座主山，山以小溪间隔。荷风四面亭小岛位于水中央，通过桥与水中主山相连，使得水面通透，保持为一个整体，这就是"山不能动，以水缭绕之"。除山水主体格局之外，园中还布置了一些建筑。主体建筑远香堂位于大池南岸，隔着水面与主山上的雪香云蔚亭遥相呼应。东侧的海棠春坞、听雨轩、玲珑馆相互搭配，构成一个玲珑的小院。旱船香洲、小飞虹、小沧浪也是三者互相可见，使园林更具层次感。

西部以曲尺形水面为主体，围绕水面布置了一厅（三十六鸳鸯馆）、三楼（倒影楼、浮翠阁、留听阁）、四亭（笠亭、宜两亭、塔影亭、与谁同坐轩）。从倒影楼至宜两亭之间的水廊曲折有致，起伏腾挪，形态轻盈，仿佛漂荡在水上，是水廊中的精品。

东部由于荒废已久，现存建筑都是新建的。

二、苏州留园

苏州留园在清代被称为寒碧山庄，始建于明万历二十一年（1593 年），全园面积约 30 亩（约 2 万平方米），分东、西、北、中四部分。中部基本保持了原寒碧山庄的格局，为全园精华所在。

西山桂树丛生，沿着西山云墙①旁边的爬山廊②可以到达最高处——闻木樨香轩，在此俯瞰全园。随着游廊继续前进可以到达远翠阁，在远翠阁和佳晴喜雨快雪之亭之间有一道曲廊，这样便形成了一条迂回曲折、贯穿全园的外环游览路线（图 7-39）。

中部可分为东、西两区。西区以山池为主，采取西北叠山，中间辟池，东南部署建筑的布局方式，使山池主景处于阳面，符合"南厅北山，隔水相望"的常规模式，与拙政园远香堂的"隔水对山"有异曲同工之妙。东区以建筑为主，以高大豪华的主厅五峰仙馆为中心，四周环绕书房"还我读书处"③、揖峰轩和汲古得绠处、西楼、鹤所等建筑。五峰仙馆梁柱全部使用楠木，又名楠木厅，室内宽敞，装修极为精致。

---

① 云墙，园林当中形态自由灵活的一种墙。
② 爬山廊，随着山势起伏的廊子。
③ 取自晋陶渊明《读山海经》："既耕亦已种，时还读我书。"

东部冠云峰据传是北宋花石纲遗物，为苏州诸园中巨型峰石之冠。它与瑞云、岫云两峰石合成三峰鼎峙。南面建有鸳鸯厅——林泉耆硕之馆，是主要的观景点，背面有冠云楼作为屏障。

北部原有建筑已不存在，现有大片桃林、杏林、竹林，极具田园风情。

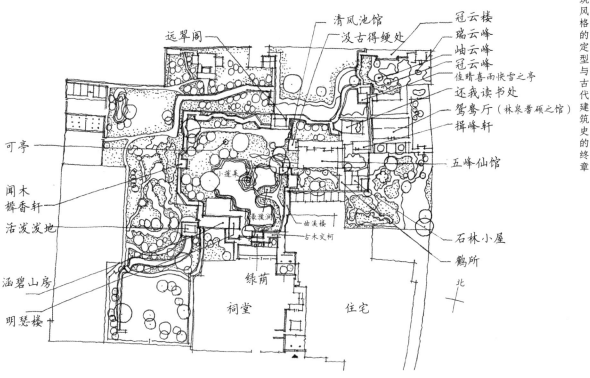

▲ 图 7-39　苏州留园平面图

第九节　明清会馆

会馆是明清时期兴起于民间的一种公共建筑。清末，北京外城分布有近百座会馆。会馆除了用来接待同乡或同行外，还相当于现代社会的综合服务中心，里面设有大厅、戏楼、乡贤祠等。

北京湖广会馆

　　湖广会馆位于今北京骡马市大街与虎坊路的交角处，建于嘉庆年间（1796—1820年），为湖南、湖北、广东、广西的四省同乡会馆。会馆占地约4000平方米，由东、中、西三路院落组成，其中中路为会馆核心部分。会馆北邻骡马市大街，所以大门（木栅门）向北面开，入大门后，需要穿过一条巷道才能到达二门（垂花门）。中路由两进大庭院串联起戏楼、文昌阁（先贤祠）、风雨怀人馆、宝善堂等建筑（图7-40）。戏楼建于道光十年（1830年），是两层的楼阁建筑，屋顶为二卷勾连搭重檐悬山顶。底层有面阔5间、进深7间的池坐，二层为楼座。舞台坐南向北，台后设扮戏房。戏楼一方面为北面的文昌阁（先贤祠）而设，同时也是供人们娱乐消遣的场所。二进院中设一巨大的假山，搭配风雨怀人馆，像是一处休憩养性之所。东西两路主要为辅助用房，供住宿饮食以及其他活动之用。

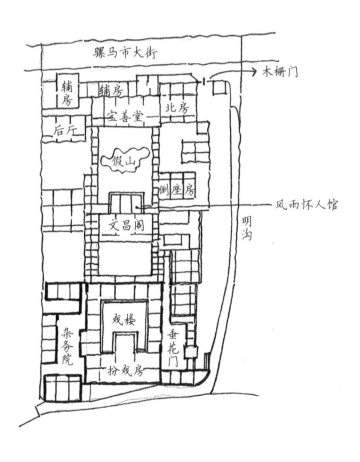

▲ 图7-40　北京湖广会馆平面图

第十节 明长城

一、明长城分布

　　长城是中国古代的防御工事，在春秋、战国时期便开始修建，后来各朝有所增建、维修，到明代的时候进行了大修工程，遗留至今最完整的便是明长城。据统计，历代长城总长度超过了 2.1 万千米，当之无愧为万里长城。长城对于城墙选址也非常考究，选在为外陡内缓的高地、陡崖、山脊处，以此来增强长城防御能力。长城并不仅仅是一道城墙，而是同城台、城楼、敌台、烽火台一起组合形成的防御体系。城墙用材和结构均因地制宜，用得最多的是夯土墙和砖石墙，城墙每隔 30 ~ 100 米，建实心或空心敌台，间隔约 1.5 千米，设独立的烽火台于山岭高地。明长城东起鸭绿江边虎山，西至甘肃嘉峪关，设有九边重镇，从西至东分别为甘肃镇、宁夏镇、固原镇、榆林镇、山西镇（偏关）、大同镇、宣府镇、蓟镇、辽东镇，累计长度达 5660 千米（图 7-41）。

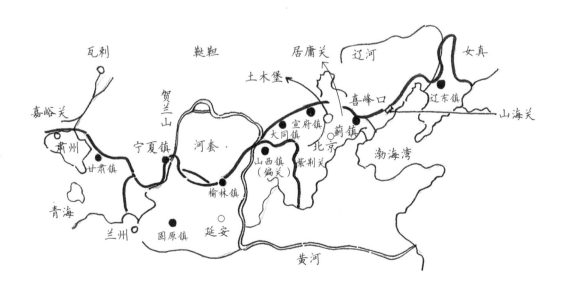

▲ 图 7-41　明长城分布

二、八达岭长城

　　八达岭位于北京市延庆区军都山关沟古道北口，是北京地区重要的防御系统和屏障。八达岭海拔1000多米，山势险峻，自古就是通往山西、蒙古、张家口的重要关隘。八达岭长城城墙高6～9米，垛口高2米，垛口上有瞭望口，下有射口。敌台高二层，底层为拱券结构，设有瞭望口和炮窗；上层设瞭望室及雉堞，雄伟壮观。城墙平面呈梯形，底宽6.5～7.5米、顶宽4.5～5.8米。城墙顶部宽阔平坦，可以"五马并骑、十人并行"[①]；城墙中线偏于外侧，外侧墙高，内侧墙低，墙体下部用条石，上部用大型城砖砌筑，内填泥土、石块（图7-42）。

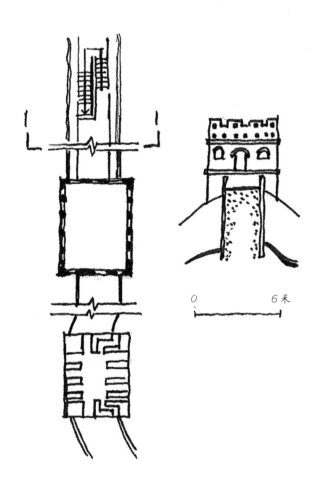

0　　　　　　6米

▲ 图7-42　八达岭附近长城平面图

第十一节 书籍文献遗存——《工程做法》

《工程做法》是清代官式建筑通行的标准设计规范，于雍正十二年（1734年）刊行，是继宋代《营造法式》之后又一部官方颁布的、较为系统全面的建筑工程专书，俗称"工部律"。《工程做法》包括瓦、木、油、石、土等作[①]，它们主要负责搭材起重，油画裱糊，甚至铜铁件安装等工程，共17个专业，20多个工种。《工程做法》把这些专业分门别类，每个专业各有条款详细的规程，起着现代建筑法规监督限制的作用。全书共74卷，内容大体分为各种房屋营造范例和用工用料估算限额两部分。清代官式建筑中，有大式、小式之分，《工程做法》第一卷到第二十七卷介绍了27种大木作做法，其中包括23种大式建筑，4种小式建筑。

一、斗口制——《工程做法》的基本模数

清代的建筑营造，大到地盘布局、间架组成，小至部件径寸大小、榫头卯眼的搭接尺寸，多用斗口表示。《工程做法》确定以"斗口"作为建筑的基本模数单位，其中斗口指的是平身科斗栱中，大斗迎面方向安装翘的那个斗口的宽度。

斗口分为十一等，一等斗口宽为营造尺6寸，二等斗口宽5.5寸（各等斗口宽依次递减0.5寸），至十一等斗口宽为1寸。与《营造法式》相同，斗口制也包括单材和足材，但是足材只是在单材基础上改变材高，而材宽依然是斗口的宽度。清代单材的宽高比为1：1.4，足材的宽高比为1：2（图7-43）。

有了标准的斗口单位，对带有斗栱的建筑，所有构件尺寸就都可以规定为若干斗口，或在斗口的基数上进行加减调节，如6斗口+2寸等。不带斗栱的建筑以檐柱直径作为营造的标准尺寸，小木作也以檐柱直径作为修建标准。

---

① "作"同"做"，指工作。

体系高度成熟期的明清建筑形制——《工程做法》"斗口制"

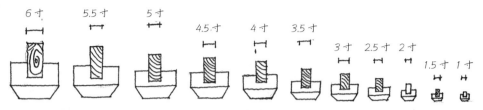

清营造尺每寸等于3.2厘米

足材： 6×12寸	5.5×11 寸	5×10 寸	4.5×9 寸	4×8寸	3.5×7 寸	3×6寸	2.5×5 寸	2×4寸	1.5×3 寸	1×2寸
（1：2） （1：1.4） 单材： 6×8.4寸	5.5× 7.7寸	5× 7寸	4.5× 6.3寸	4× 5.6寸	3.5× 4.9寸	3× 4.2寸	2.5× 3.5寸	2× 2.8寸	1.5× 2.1寸	1× 1.4寸

▲ 图7-43 斗口制示意图和详细尺寸

二、大木作大式建筑与大木作小式建筑

◆ 大木作大式建筑

　　大木作大式建筑主要用于宫殿、坛庙、官署、寺庙、府邸等建筑群中的主要房屋，可做到九间十一架或者十一间十三架，可出廊，屋顶用琉璃瓦，以斗口作为木构件的标准计量单位，分为带斗栱和不带斗栱两种。

◆ 大木作小式建筑

　　大木作小式建筑用于宫殿、坛庙、官署、寺庙、府邸等建筑群中的次要房屋或者民居，不超过五间七架，不能出廊。屋顶不能用庑殿、歇山以及重檐，不能使用斗栱和琉璃瓦，以檐柱径和明间面阔为木构件的标准计量单位（图7-44、图7-45）。

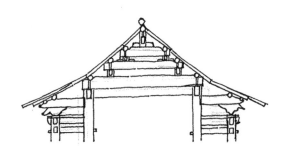

带斗栱的大式构架

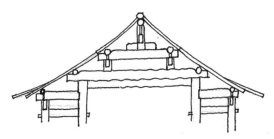

不带斗栱的大式构架

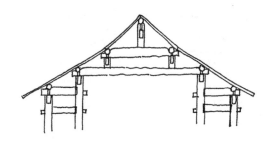

小式构架

▲ 图 7-44　大木作大式建筑与小式建筑

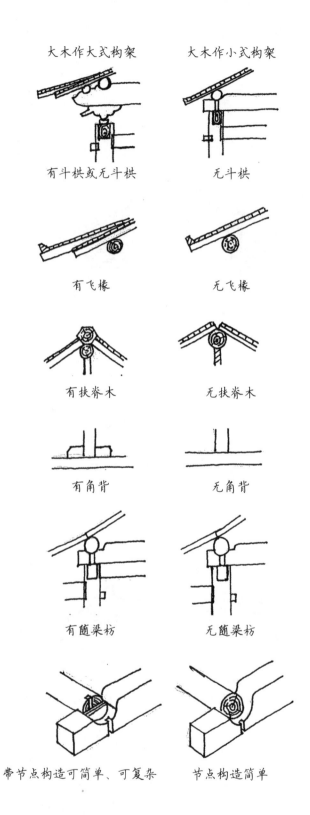

大木作大式构架　　　大木作小式构架

有斗栱或无斗栱　　　　无斗栱

有飞椽　　　　　　无飞椽

有扶脊木　　　　　无扶脊木

有角背　　　　　　无角背

有随梁枋　　　　　无随梁枋

带节点构造可简单、可复杂　　节点构造简单

▲ 图 7-45　大式建筑与小式建筑构造对比图

◆ **大木作大式建筑各部位名称**

　　檩条按照所处的位置可以分为脊檩、上金檩、中金檩、下金檩、金檩、正心檩、挑檐檩等。檩条头部伸出山墙以外的称为"出际"或"屋废"（脊檩与挑檐檩之间的都叫金檩）。

　　椽子是垂直放置在檩条上、直接承受屋面重量的构件。按照部位可以分为飞檐椽（飞子）、檐椽（压在飞檐椽下面的椽子）、花架椽（两端都有金檩，由金檩、上金檩、中金檩、下金檩承担的椽子）、脑椽（最上一层椽子，一端在扶脊木上，一端在上金檩上）、顶椽（卷棚顶最上层的曲椽）、扶脊木（被脑椽承托的木头，位于脊檩之上，与脊檩平行，断面为六角形）等。

　　梁按照在构架中的位置可以分为单步梁（承担一根檩条，可进一步分为抱头梁和挑尖梁）、双步梁（承担两根檩条）、三架梁（承担三根檩条）、五架梁（承担五根檩条）、七架梁（承担七根檩条）等。梁的名称是根据梁上所承担的檩条数目而定的。抱头梁是小式大木檐柱与金柱或老檐柱之间的梁，一端在檐柱上，一端插入金柱或老檐柱。挑尖梁是用来连接柱头斗栱和金柱的梁（图7-46）。

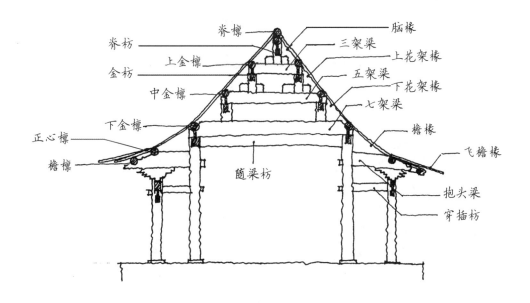

▲ 图 7-46　大木作大式建筑各部位名称示意图

三、屋顶形式

中国古代建筑在形态上最显著的特征就是大屋顶。将大屋顶的外形处理成曲线、曲面，可以使建筑显得不那么沉重和笨拙，再加上一些装饰，大屋顶确实成了中国古代建筑富有情趣的一个部分。反宇曲线的出现有中国天人合一的文化原因，有视觉表现因素，比如，宋代建筑基本上没有直线，屋脊生起、柱子侧脚、檐口起翘各处都是曲线，以及举折不断加高可以让人在近处也能看见屋脊，同时曲线屋顶有利于排水，有实际功能作用。

屋顶的等级高低为重檐比单檐级别高。单檐屋顶的等级排名（由高到低）为庑殿顶（四阿顶）> 歇山顶> 悬山顶> 硬山顶（图7-47）。同时，根据等级、功能、审美的需要，除了正式屋顶[①]外，也有一些形态各异的杂式屋顶，如攒尖顶、扇面、万字顶、套方等（图7-48）。

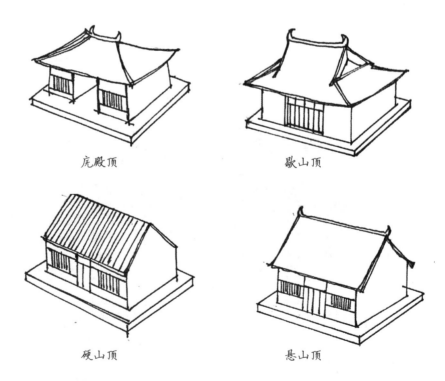

庑殿顶　　　　　　　　　　　歇山顶

硬山顶　　　　　　　　　　　悬山顶

▲ 图7-47　正式屋顶形式

---

① 主要指庑殿顶、歇山顶、悬山顶、硬山顶。

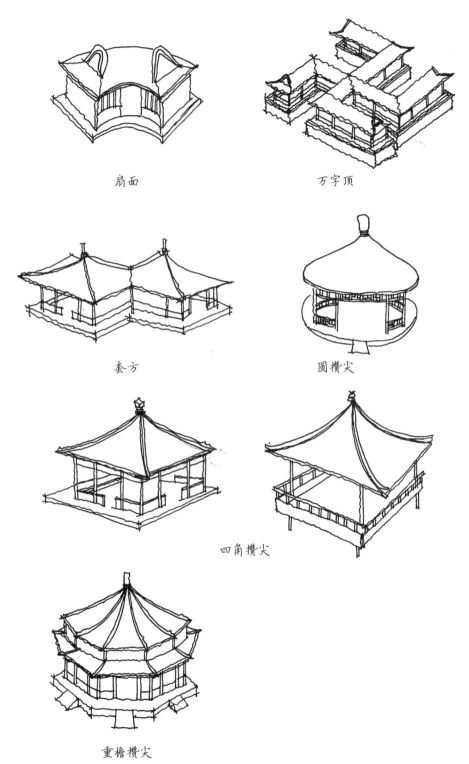

扇面　　　　　　　万字顶

套方　　　　　　　圆攒尖

四角攒尖

重檐攒尖

▲ 图 7-48　杂式屋顶形式

四、清代举架制度

《工程做法》中将屋顶坡度逐步上升的技术称为"举架"。"举"是指屋架的高度，为了保证屋顶能顺利排水，各种建筑的檐步架都是五举（即步架举高和步架长度之比为5：10），飞檐为三五举，其余各步架之间的举高取决于房屋的大小和檩数的多少，城楼或亭子的脊步架可达九五举，甚至十举以上（图7-49）。

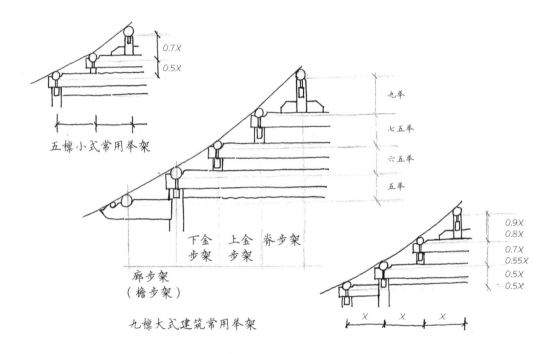

▲ 图7-49　清代举架制度示意图

五、三种主要承重形式

◆ 抬梁式木构架

这种结构是在屋基上立柱，柱上支梁，梁上放短柱，其上再支梁，梁的两端并承檩。如果是层叠而上，在最上层的梁中央放脊瓜柱以承脊檩，这样可以获得较大的室内空间，但耗材多（图7-50、图7-51）。

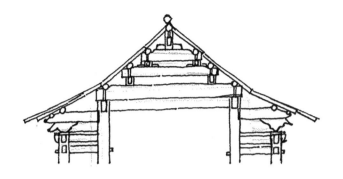

▲ 图 7-50　抬梁式木构架图

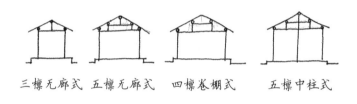

三檩无廊式　　五檩无廊式　　四檩卷棚式　　五檩中柱式

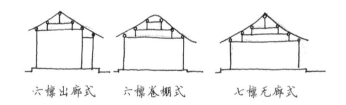

六檩出廊式　　六檩卷棚式　　七檩无廊式

七檩前后廊式　　七檩中柱式　　八檩卷棚前后廊式

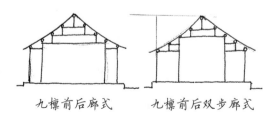

九檩前后廊式　　九檩前后双步廊式

▲ 图 7-51　抬梁式木构架形式示意图

◆ **穿斗式木构架**

这种结构是由柱距较密、柱径较细的落地柱与短柱直接承檩，柱间不施梁，而用若干穿枋联系，并以挑枋承托出檐。这种结构用料较小，但由于柱枋之间连接紧密，因此结构的整体性强，建筑的山面抗风性能好，但室内空间不开阔（图7-52）。

◆ **井干式构架**

这种结构以圆木或矩形、六角形木料平行向上层层叠置，在转角处木料端部交叉咬合，形成房屋四壁，形如古代井上的木围栏，所以得名"井干式"。最后在左右两侧壁上立矮柱，承脊檩构成房屋。木材层层相叠，既是围护结构，又是承重结构（图7-53）。

▲ 图7-52　两类穿斗式木构架示意图

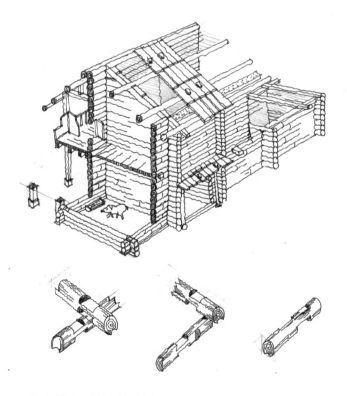

▲ 图7-53　井干式构架房屋复原想象图

六、清代斗栱制度

斗栱，顾名思义，是由"斗"与"栱"组成，斗的形状像一个盛米的斗，而栱的形状像一张挽起的弓。斗栱中的各部位名称如下。

坐斗：宋称大斗或栌斗，是位于一组斗栱最下层的构件。

栱：略似弓形，是位置与建筑表面平行的构件。

翘：宋代称华栱或卷头，形状与栱近似，且方向与栱成正交的构件。

昂：明清时期的昂都是假昂，是由翘一端向外加长以后形成的斜向下垂的构架，起杠杆作用。

十八斗：宋称交互斗，是位于挑出的翘或昂头上的斗。十八斗上开的是十字口。

三才升：宋称散斗，是位于横栱两端上的构件，三才升上开的是顺身口。

槽升子：宋称"齐心斗"，是位于横栱正中央的构件。

栱的种类则比较多，名称依据位置的不同而不同。出坐斗左右的第一层横栱叫正心瓜栱（宋称泥道栱），第二层叫正心万栱（宋称慢栱）。跳头上第一层横栱叫瓜栱（宋称瓜子栱），第二层叫万栱（宋称慢栱）。最外跳在挑檐檩下的和最内跳在天花枋下的栱叫厢栱（宋称令栱）（图 7-54、图 7-55）。

明清时期对斗栱的叫法相对唐宋时期发生了变化：柱头上的斗栱被称为柱头科（唐宋称柱头铺作），转角的斗栱被称为角科（唐宋称转角铺作），柱间的斗栱被称为平身科（唐宋称补间铺作）（图 7-56）。

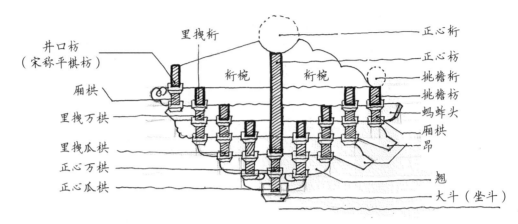

井口枋
（宋称平棋枋）

里拽枋

桁椀　桁椀

正心桁

正心枋

挑檐桁

挑檐枋

蚂蚱头

厢拱

里拽万拱

里拽瓜拱

正心万拱

正心瓜拱

厢拱

昂

翘

大斗（坐斗）

▲ 图 7-54　重拱重昂九踩斗拱

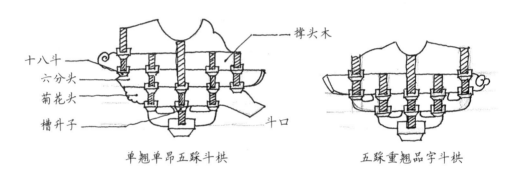

撑头木

十八斗

六分头

菊花头

槽升子

斗口

单翘单昂五踩斗拱　　　　　五踩重翘品字斗拱

画图心得：斗拱中间与两端均为两个斗，其间都为 3 个斗。一个拱的长
度是大斗的整数倍，正心瓜拱为 3 个大斗，正心万拱为 5 个大斗。

▲ 图 7-55　五踩斗拱的两种形式（剖面图）

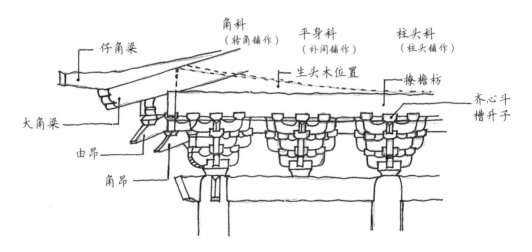

角科
（转角铺作）

平身科
（补间铺作）

柱头科
（柱头铺作）

仔角梁

生头木位置

撩檐枋

大角梁

齐心斗
槽升子

由昂

角昂

▲ 图 7-56　明清时期的斗拱的叫法

明清的斗栱日趋繁杂纤巧，但是斗栱的结构功能日渐消失，如斗栱原为支檐用，辽宋的斗栱要负责承受檐及屋顶的荷载，而清代却将挑檐檩放在梁头上。明清以后的斗栱，除在柱头上的斗栱尚有相当的结构功能外，平身科已成半装饰品。宋代规定平身科斗栱数量为 1 ~ 2 朵，清代增加到了 4 ~ 8 朵。斗栱与柱身的高度比例越来越小（图 7-57）。

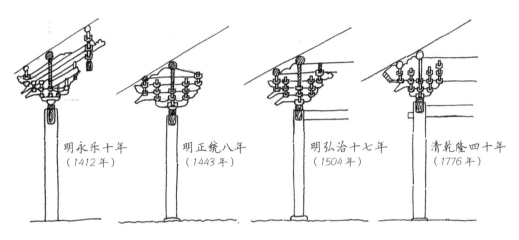

明永乐十年
（ *1412 年* ）

明正统八年
（ *1443 年* ）

明弘治十七年
（ *1504 年* ）

清乾隆四十年
（ *1776 年* ）

北京社稷坛享殿　　　北京智化寺如来殿　　　山东曲阜孔庙奎文阁　　北京紫禁城文渊阁

▲ 图 7-57　明清的斗栱的典型案例

隔架科斗栱主要用在室内，位于大梁和随梁枋之间的空隙处。隔架科斗栱有两种形式，一种是单栱隔架科，只有一层瓜栱；另一种是重栱隔架科，除了一层瓜栱，还有一层万栱（图 7-58）。

翘头上置横栱的做法叫作计心造，跳头上不置横栱的叫作偷心造。唐宋建筑斗栱常用偷心造，金元以后多用计心造。至明代，带下昂的平身科又有转化为镏金斗栱的形式，原来斜昂的作用丧失殆尽（图 7-59）。

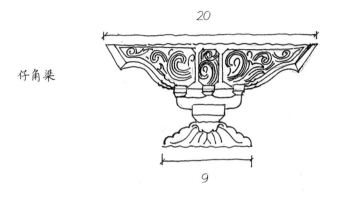

仔角梁

▲ 图 7-58　单棋隔架科①

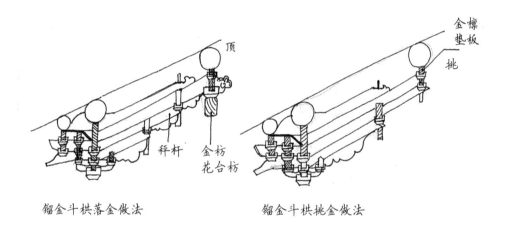

镏金斗栱落金做法　　　　　　　镏金斗栱挑金做法

▲ 图 7-59　镏金斗栱的两种做法

七、清代台阶形制

　　清代台阶根据形式可以分为阶梯形踏步、坡道、礓嚓（慢道）三种类型。其中阶梯形踏步最为常见，在室内外都可用，可为单阶、双阶或多阶，阶梯形踏步又可进一步细分为如意踏跺、垂带踏跺、御路踏跺。坡道又名辇道（御路），坡度平缓，是用来行车的坡道，常与踏跺组合在一起。礓嚓是以砖石露棱侧砌的斜坡道，可以防滑，一般用于室外。台阶可以单个使用，也可以几个台阶组合使用，一个台阶叫单出陛，三个台阶叫三出陛（图7-60、图7-61）。

---

① 图中 20 与 9 指比例。

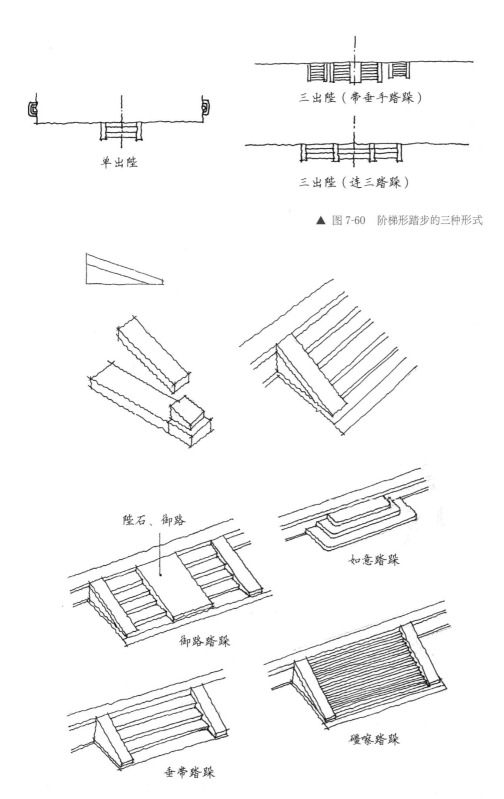

单出陛

三出陛（带垂手踏跺）

三出陛（连三踏跺）

▲ 图 7-60 阶梯形踏步的三种形式

陛石、御路

御路踏跺

如意踏跺

垂带踏跺

礓磋踏跺

▲ 图 7-61 清代台阶的组合形式

八、清式勾阑和须弥座

　　清代石栏杆官式做法的突出特点是以寻杖栏杆为通用形制。清式寻杖栏杆由栏板、望柱和地栿 3 种构件组成。它延续着宋式勾阑的望柱、寻杖、云栱、撮项等的基本样式，却完善了石质栏杆的合理构造，使石栏杆充分表现出其敦实的特点。与石栏杆配套的是定型的抱鼓石，其"抱鼓"的形象，可灵活地适应不同的地栿坡度，是很有创意的设计（图 7-62、图 7-63）。

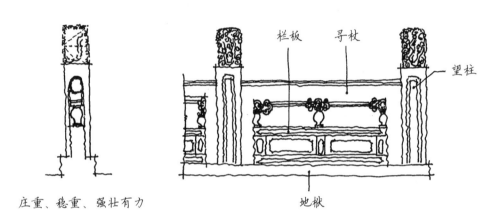

庄重、稳重、强壮有力

▲ 图 7-62　清式勾阑

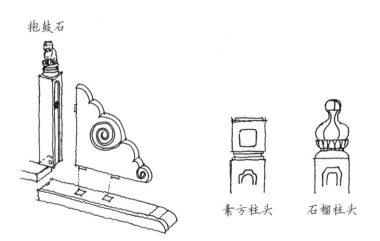

▲ 图 7-63　清代抱鼓石安装示意图和柱头形式

从元代起，须弥座束腰变矮，束腰的角柱改为"巴达玛"（莲花），壸门、力神已不常用，束腰上的莲瓣肥硕，多以花草和几何纹样做装饰。明代须弥座延续了元代的特点，且成为定式，上下部基本对称，但在相似大小的建筑物中，清式须弥座尺度较宋式小（图7-64）。

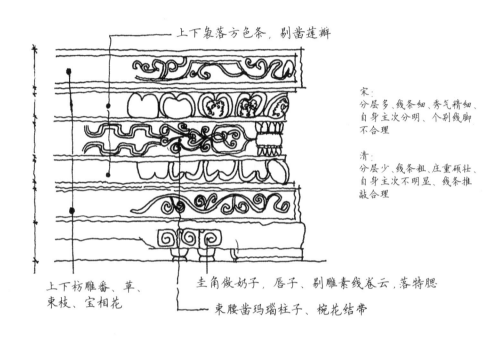

上下象落方色条，剔凿莲瓣

宋：
分层多、线条细、秀气精细、自身主次分明、个别线脚不合理

清：
分层少、线条粗、庄重硕壮、自身主次不明显、线条推敲合理

上下枋雕番、草、束枝、宝相花

圭角做奶子、唇子、剔雕素线卷云，落特腮

束腰凿玛瑙柱子、椀花结带

▲ 图7-64　清式须弥座

九、清式大门、槅扇门、槛窗

◆ 大门

中国封建社会的等级制度在住宅的大门上表现得很明显。据《大清会典》中记载，亲王府大门为5开间，中央三间可以开启，大门屋顶上可以用绿色琉璃瓦，屋脊上可以安装吻兽。郡王府大门三间，中央一间可以开。京城文武百官和贵族富商多用"广亮大门"，"广亮大门"的形式是广为一间的房屋，门安放在房屋正脊的下方。

其余大门的等级是根据门扇安在大门里的前后不同位置来区分的。门扇越靠外的等级越低，门扇从内到外分别称为金柱大门、蛮子门和如意门。普通百姓居住的小四合院的大门不用独立的房屋而只在住宅院墙上开门，门上有简单的门罩，这种门被称为随墙门（图7-65）。

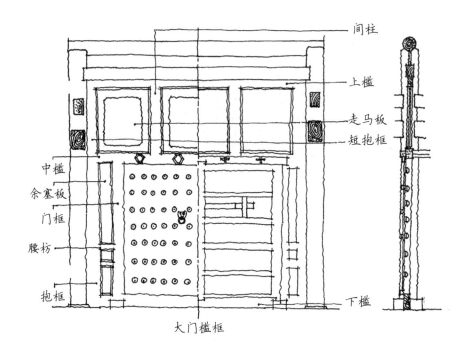

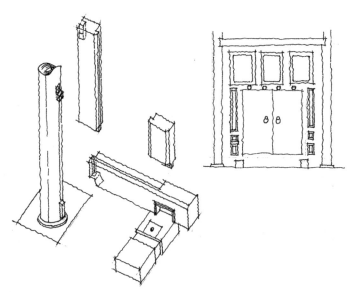

▲ 图7-65　清式大门构造示意图

槅扇门主要由槛、框、开启扇、固定扇组成。槛包括上槛、中槛、下槛,框包括短抱框、抱框,开启扇为长槅扇,固定扇包括横披等（图7-66、图7-67）。

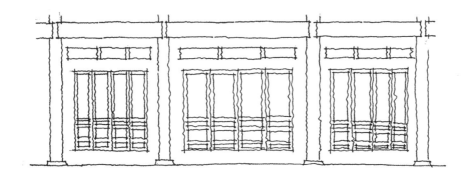

▲ 图 7-66　清式槅扇门立面图

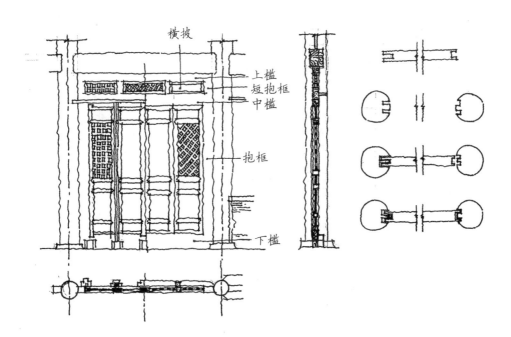

▲ 图 7-67　清式槅扇门构造图

槛窗也是由槛、框、开启扇、固定扇组成的。槛包括上槛、中槛、风槛、槛墙，框包括短抱框、抱框，开启扇为短槅扇，固定扇包括横披等（图7-68）。

槅扇门和槛窗也可以进行组合，组合之后会形成更多的门窗形式，这样门窗的适应性便大大增强了。等级高的组合主要用于宫殿、坛庙、陵寝、寺庙等高规格的、庄严型的殿座，等级低的组合主要用于一般民居（图7-69）。

清式槅扇门由棂心、绦环板、裙板加上边挺、抹头组成。槅扇的高低由抹头和绦环板的数量来调节。四抹头、五抹头、六抹头3种长槅扇用作槅扇门，三抹头和不带裙板的四抹头短槅扇用作槛窗。不同大小的开间，可安装4扇或6扇槅扇。槅扇中的棂心是最富变化的部分，可以做成码三箭、步步锦、灯笼框和菱花等各种形式。裙板和环板可饰以木雕（图7-70、图7-71）。

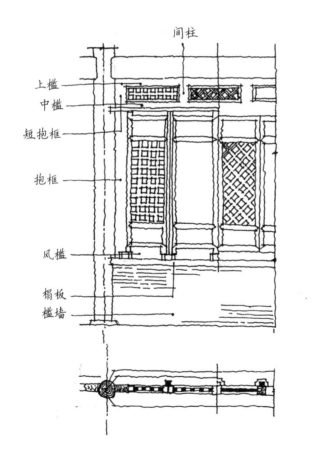

▲ 图 7-68　清式槛窗构造图

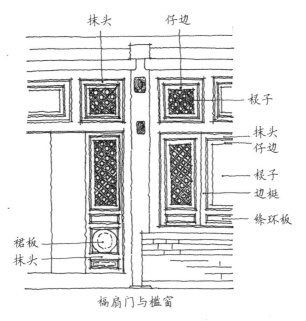

抹头　　　　　仔边

棂子

抹头
仔边

棂子
边挺

绦环板

裙板
抹头

槅扇门与槛窗

▲ 图 7-69　清式槅扇门和槛窗的组合构造图

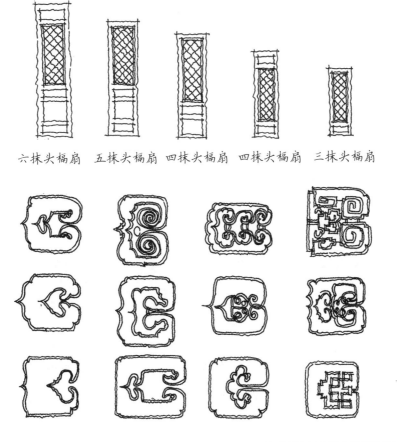

六抹头槅扇　五抹头槅扇　四抹头槅扇　四抹头槅扇　三抹头槅扇

▲ 图 7-70　清式槅扇门类型和裙板图案种类

图解中国古代建筑史

平棂心

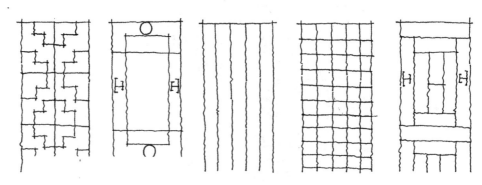

菱花棂心

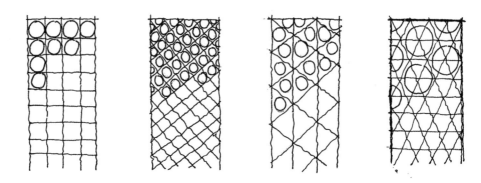

▲ 图 7-71 清式槅扇门棂心图案形式

十、清式牌楼

从形式上分，牌楼有两类，柱出头的叫冲天式，柱不出头的叫不冲天式。冲天式牌楼的间柱是高出明楼①楼顶的。不冲天式牌楼的最高峰是明楼的正脊，宫苑之内的牌楼大都是不冲天式的，而街道上的牌楼则大都是冲天式的。除了这种分类方式外，还能以每座牌楼的间数和楼数的多少来分类。这样，牌楼又可以分为"一间二柱""三间四柱""五间六柱"等形式。明楼楼顶的楼数，则有一楼、三楼、五楼、七楼、九楼等形式。在北京的牌楼中，规模最大的是"五间六柱十一楼"（图 7-72）。

---

① 明楼即牌楼。

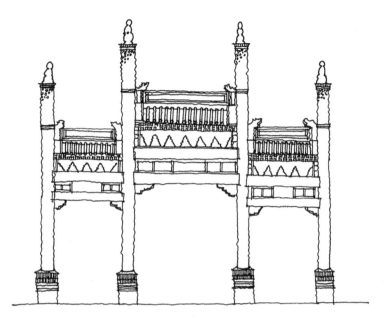

冲天式牌楼

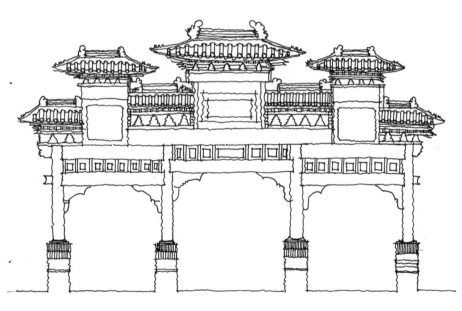

不冲天式牌楼

▲ 图 7-72 牌楼的两种形式

十一、清式影壁

影壁是中国古代传统建筑特有的部分，影壁通常是用砖砌成，由座、身、顶三部分组成，其中影壁心为重点装饰雕刻的部位。影壁根据形式可以划分为三种，第一种位于大门内侧或外侧，呈一字形，叫作一字影壁（图7-73）。

第二种是位于大门外面的影壁，这种影壁位于宅门对面，平面呈梯形，称雁翅照影壁，其主要作用是遮挡对面房屋和不甚整齐的房角檐头，使经大门外出的人有愉悦的感受（图7-74）。

第三种影壁位于大门的东西两侧，与大门槽口成120度或135度夹角，平面呈八字形，称作撇山影壁。做这种反八字影壁时，大门要向里退2至4米，在门前形成一个小空间，可作为进出大门的缓冲之地。在反八字影壁的烘托陪衬下，宅门显得更加深邃、开阔、富丽堂皇（图7-75）。

▲ 图7-73　一字影壁

▲ 图 7-74　雁翅照影壁

撇山影壁

一封书撇山影壁

▲ 图 7-75　撇山影壁和一封书撇山影壁

十二、清代彩绘

明清彩绘出现的主要部位为梁、枋，此外，在柱头、斗棋、檩条、垫板、天花、椽头等部位也可以使用。清代彩绘主要分为和玺彩画、旋子彩画、苏式彩画三种。

和玺彩画的等级最高，因为和玺彩画以龙凤为题材，用金量大，仅用于宫殿、坛庙的主殿、堂、门等位置。和玺彩画的构图特征：梁、枋上的彩画从结构上可以分为三个部分，分别为箍头、藻头、枋心。每根梁、枋中间 1/3 的部位叫作枋心，每根梁、枋端部接近正方形的部位叫作箍头，剩余的区域叫作藻头（图 7-76）。

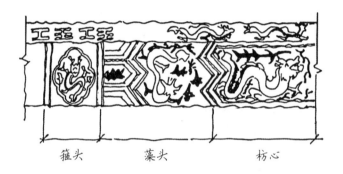

箍头　　　　　　　藻头　　　　　　　　枋心

▲ 图 7-76　和玺彩画

旋子彩画在等级上仅次于和玺彩画，应用范围很广，可用在一般的官衙、庙宇的主殿和宫殿、坛庙的次要殿堂等处。其构图特征：在藻头内使用了带卷涡纹的花瓣，即旋子，旋子以"一整二破"为基础（图 7-77）。

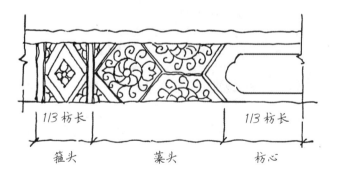

1/3 枋长　　　　　　　　　　　　　　　1/3 枋长

箍头　　　　　　　藻头　　　　　　　　枋心

▲ 图 7-77　旋子彩画

苏式彩画一般用于住宅和园林中。其构图特征：枋心称为包袱，常绘历史人物故事、山水风景、博古器物等，基本不用金（需要注意的是，苏式彩画也有不带包袱的）。箍头内多用连珠、回纹、万字等图案。藻头内画着由如意头演变而来的"卡子"（又分软、硬两种）（图 7-78）。

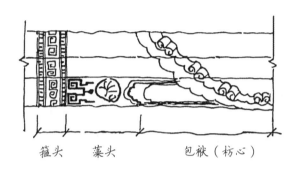

箍头　藻头　　　包袱（枋心）

▲ 图 7-78　苏式彩画

第十二节　明清家具

一、明代家具

明代是中国古代家具发展的鼎盛期，海上丝绸之路的开通，使得东南亚一带的木材如花梨、紫檀、红木等源源输入中国。北京、广州、苏州等地还形成了当时的家具制作中心。明式家具有以下特点。

功能合理，家具设计注重人体尺寸。明式座椅高度平均值为 480 毫米，减去搭脚档（高约 70 毫米），实际踏足至椅面高为 410 毫米，与现行的标准椅高度完全吻合。明式方桌的高度在 800～840 毫米之间，与椅高的配合也是恰当的。

结构科学。大部分家具都模仿大木构架做法，采用木框架结构，构件之间不用金属钉子固定，全凭榫卯连接。

工艺精良，家具的雕刻技法精湛，繁简相宜，有凸线、凹雕、浮雕、镂雕、圆雕等。

格调高雅，造型简洁，比例合理，线条洗练。家具的油漆以"轻妆淡抹"为特色，尽量保持木材本身明显的纹理和天然色泽（图 7-79）。

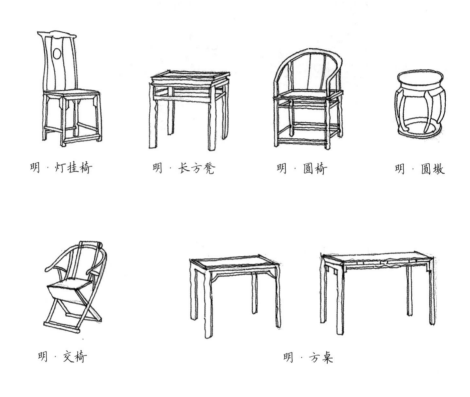

明·灯挂椅　　　明·长方凳　　　明·圆椅　　　明·圆墩

明·交椅　　　　　　明·方桌

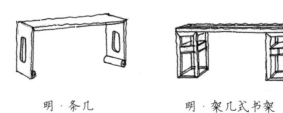

明·条几　　　明·架几式书架

▲ 图 7-79　明式家具

二、清代家具

清代家具与明代家具有着很大的区别，其主要特点如下。

用材厚重，用料宽绰，体态凝重，体形宽大。

装饰繁复，有大量细部的雕刻和纹样表现。家具盛行镶嵌，嵌木、嵌竹、嵌玉、螺钿、玳瑁、玛瑙、珐琅、象牙，几乎无所不镶。

清代家具更像是一件艺术品，与明代高雅的格调有明显的区别（图7-80）。

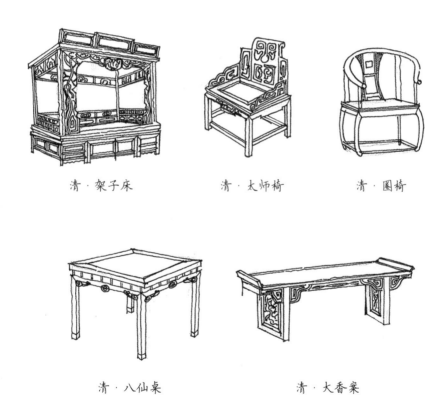

清·架子床　　　　清·太师椅　　　　清·圈椅

清·八仙桌　　　　清·大香案

▲ 图7-80　清式家具

第八章

乡土建筑

第一节　北京四合院

北京四合院是北方地区院落式住宅的典型代表。其平面布局以院为特征，根据主人的身份地位不同，院落进行串联或者并联，从而形成多进或者多跨的大型院落。这里主要讲解一跨的四合院。

以四合院为例，一跨的四合院可以分为一进、两进、三进、多进等（图 8-1）。三进四合院有三个院子，分别为前院、内院、后院。从东南角入大门进入前院，正对大门的就是影壁，影壁用来阻挡外部视线直接进入内院。大门右侧一般为私塾，所谓门侧之堂，家塾之所。大门左侧为倒座，主要用来接待一般的客人。经过垂花门便进入了内院，内院当中为正房，正房一般会带有耳房，东西厢房对称严谨，厢房的高度也会比正房低，以显示尊卑有序。经第三道门进入后院，后院会有后罩房、后门、井，后罩房首层为仆人住所和辅助空间，二层一般为小姐闺房。

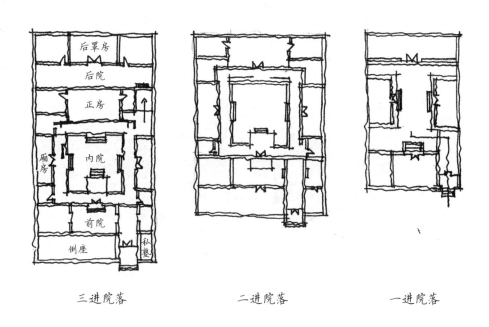

三进院落　　　　　　　　　二进院落　　　　　　　　　一进院落

▲ 图 8-1　北京四合院一、二、三进院落平面图

第二节　晋陕窄院

　　晋陕窄院主要分布在山西的中部、南部地区和陕西的中部地区（即关中地区），以窄长的庭院为主要特征。不同地区的窄院长宽比不一，大体上，晋中地区多为 2∶1，晋南地区接近 1.5∶1，关中地区常常超过 2∶1，有的能达到 4∶1。

　　山西祁县乔家大院是著名的大型窄院住宅组群，它始建于乾隆二十年（1755 年），在同治、光绪和民国年间进行过两次扩建、一次增修。全宅有六个大院，北面分布三个大院、一个跨院，南面分布三个大院、三个跨院（图 8-2）。全宅共有房屋 313 间，占地面积 8742 平方米。其院落平面布局同样以"一正两厢"为基本形式，也有大门、倒座、垂花门、过厅等四合院的重要要素，大院主院和跨院相互交织，构成一大片规整的合院。

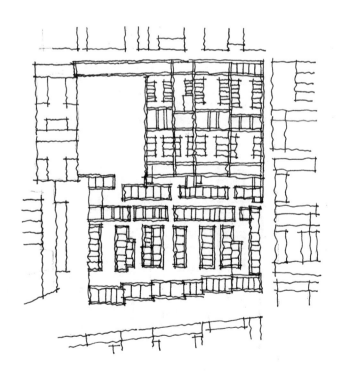

▲ 图 8-2　晋陕窄院（山西祁县乔家大院平面图）

第三节　东北大院

　　吉林市一带的东北大院是东北地区典型的院落类型，吉林的东北大院最大的特点是庭院宽大，这样可以获得充足的日照。院中布置"一正四厢"，不设耳房，并且房与房之间有很开阔的空间，房屋之间通过墙体连接形成一个内院。内外院之间有时会设置腰墙、二门，或在院落中心设置影壁作分割象征。

　　正房供长辈居住，多为五开间，有的甚至能达到七开间，次间或梢间设单面炕或双面炕，可以容纳多人居住。明间放置大锅灶，用来煮饭和烧炕。厢房均为"一明两暗"的三开间，厢房可作为晚辈住房，也可用作碾房、磨房、草房、马圈和贮藏室等（图 8-3）。

　　为防止屋顶起火，东北大院常采用"坐地烟囱"的做法，把烟囱置于正房后侧或两侧，这也成为房屋的一个配景。外院当作后院使用，常用于种植蔬菜或放置杂物。

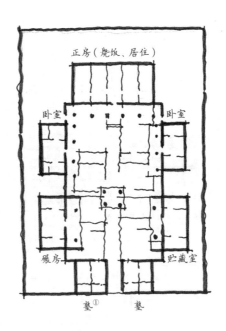

▲ 图 8-3　东北大院（吉林市头道胡同张宅总平面图）

---

① 古代指门内东西两侧的堂屋。

第四节　云南"一颗印"

　　云南中部地区的四合院，整个外观方方正正，如一枚印章，所以俗称"一颗印"。"三间四耳倒八尺"是"一颗印"最典型的格局。"三间"指正房有三间，"四耳"指左右各有两间耳房。前面临街倒座深八尺（2.7米），中间为住宅大门。"一颗印"的房屋都是两层，天井围在中央，住宅外墙为土坯高墙，很少开窗。正房与两侧耳房连接处各设一单跑楼梯，可直接由楼梯依次登耳房、正房楼层，布置十分紧凑。大门居中，门内设倒座或门廊，建筑为穿斗式构架（图8-4、图8-5）。

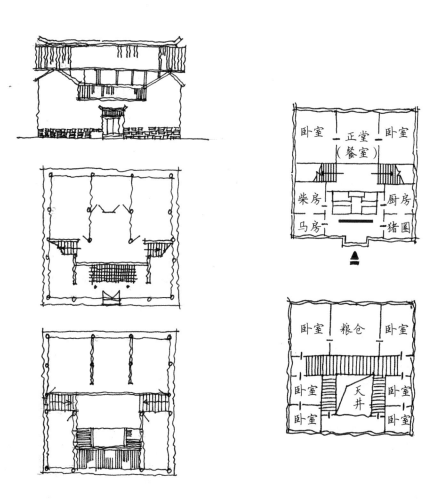

▲ 图8-4　云南一颗印（三间双耳型）　　　　▲ 图8-5　云南一颗印（三间四耳型）

第五节　徽州天井院

古徽州由于地处黄山地区,大部分为丘陵山地,不利于农耕,所以,自古徽州便有"十室九商"的说法。很多徽商荣归故里后兴建住宅、祠堂和书院,促进了徽州天井院的发展。直到现在, 安徽的屯溪、歙县、黟县、祁门、休宁、绩溪和江西婺源一带, 还保存着大量明清时期的徽州住宅。

徽州天井院以天井为中心, 两层的正屋、两个厢房围合成三合天井院, 平面布局规整对称。但有时候为了与地形契合, 会适当打破这种规整的状态。图8-6是典型的"四水归堂"——天井院旁加窄长形附院的布局, 正房、东西厢房和倒座利用单坡顶, 使雨水能够集中到院子里。

建筑为穿斗式构架, 周边有高墙围护, 建筑墙面全部用白灰粉刷, 墙头的马头山墙高低起伏, 韵律十足。大门上做各式精美的门楼、门罩, 与粉墙黛瓦相得益彰。正屋为三开间, 明间用作敞厅, 次间用作卧室。两个厢房有的辟为居室, 多数都留作空廊。正房、厢房大多为两层, 楼梯放在厅堂太师壁之后的隐蔽位置。室内梁架精美, 多用弧线优美的月梁, 有时也会使用一些木雕进行装饰。

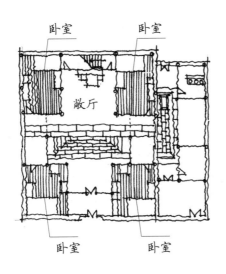

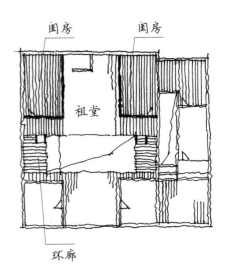

▲ 图8-6　徽州天井院平面图（瞻淇方金荣宅院）

第六节 浙江天井院

浙江多山，为了适应这种环境，各式各样的房屋应运而生，有带有天井的房屋，也有布置零散的房屋。即使同为天井院，不同地区的形式也千差万别。正房三间、两厢各一间组成的三合天井院是最常见的形式。和徽州民居相似，浙江天井院的正房和厢房多为两层，首层正房明间为敞厅，楼梯设于敞厅太师壁后方，次间用作卧室，楼上则是作贮藏等空间使用的辅助用房（图8-7）。富贵之家往往会在宅门位置放置楼梯，把正房加高，让两层的正房形成一个开敞空间，作会客、宴饮之用。

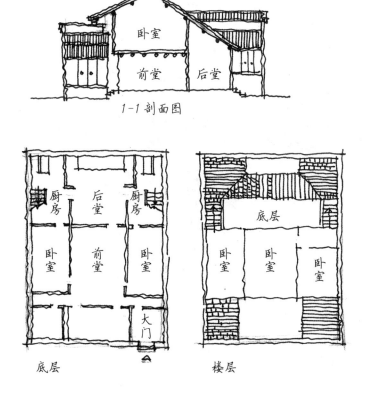

▲ 图8-7 浙江天井院（杭州金钗袋巷盛宅）

第七节　客家土楼

　　客家土楼以夯土作为承重墙的材料，可以高达五层。土楼的平面形式分为方形和圆形两种，也有"前方后圆"式。福建永定县的承启楼为圆形平面，直径达到 73 米，共有四环，层高由外环向内环中心逐渐降低，以保证内部良好的采光和通风。外环的底层一般用来做厨房、牲畜圈以及杂用，二层用来储藏粮食，底层和二层外墙不开窗。上面两层为住房，向外开窗，内侧为廊，连通各间。中心为平屋，建祠堂，供族人议事、婚丧行礼及其他公共活动使用（图 8-8）。

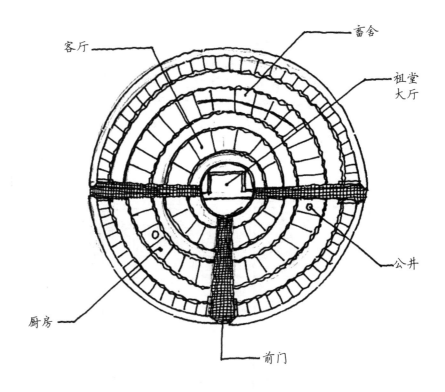

▲ 图 8-8　福建永定客家圆土楼——承启楼平面图

第八节　窑洞

　　窑洞由原始社会的穴居形式发展而来，是中国最古老的民居形式之一，分布于我国华北和西北广阔的黄土高原地区，这里的黄土层深厚，且黄土层经过多年的冲刷形成冲沟、断崖，土质疏松，便于开挖。这种住宅建筑含水量不多，湿度小，里面冬暖夏凉。建筑施工便利，不用运输材料，经济简便。

　　以河南的窑洞住宅为例，可分为三种形式：靠崖窑、地坑窑（天井窑）、锢窑（覆土窑）（图8-9）。

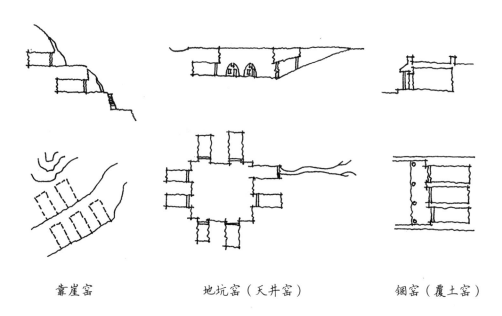

靠崖窑　　　　　地坑窑（天井窑）　　　　　锢窑（覆土窑）

▲ 图 8-9　窑洞的三种类型

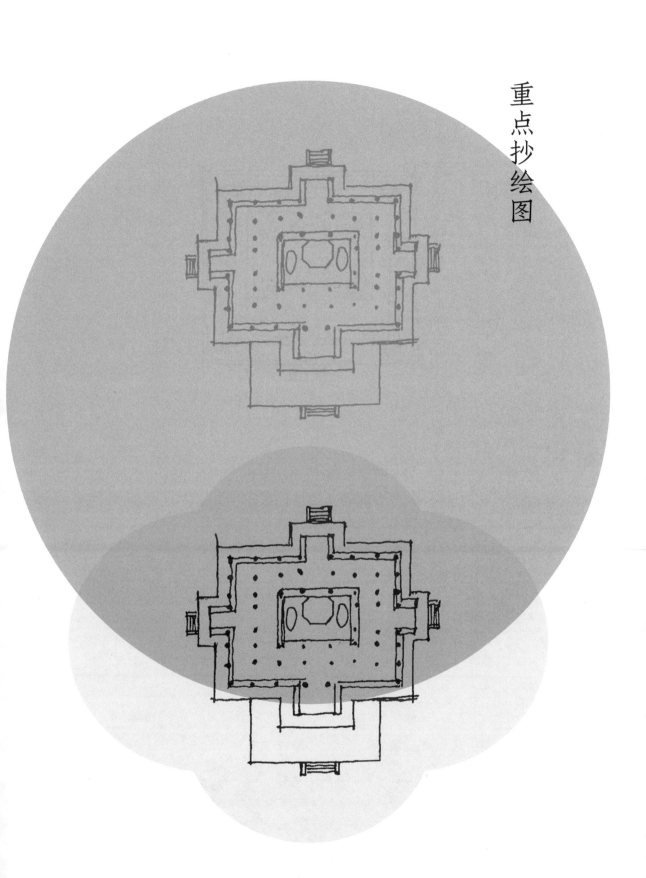

殿堂平立剖

画图要点：平面略微呈扁方形状（面阔略大于进深），面阔3间，进深3间。

南禅寺大殿平面图（见第66页）

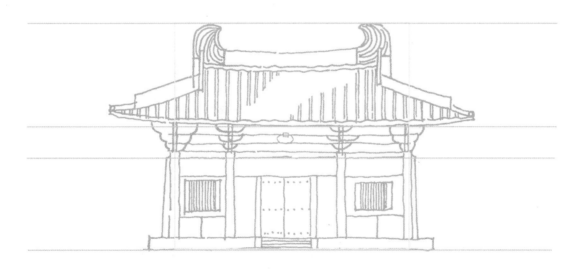

画图要点：大殿立面为一个标准正方形，高度为台基底部鸱头顶部的距离，宽度则为转角柱中线之间的距离。垂直方向可以分为三段，从上到下比例分别为 1 ：1/3 ：1（即 3 ：1 ：3）。

南禅寺大殿立面图（见第 66 页）

画图要点：四架椽屋通檐用二柱。屋顶平缓，举高和进深可以按 1：4 确定，屋身高度大概为屋架高度（举高）的 3 倍。建筑进深四架椽，每椽距离都相等。

南禅寺大殿横剖面图（见第 67 页）

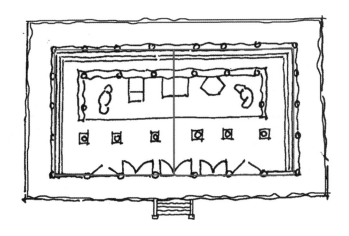

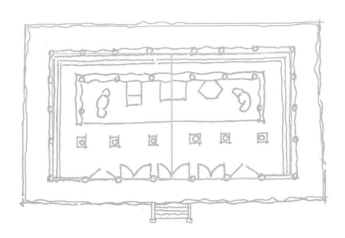

画图要点：大殿的平面采用"金箱斗底槽"的形式，即内外有两圈柱子。

佛光寺东大殿平面图（见第69页）

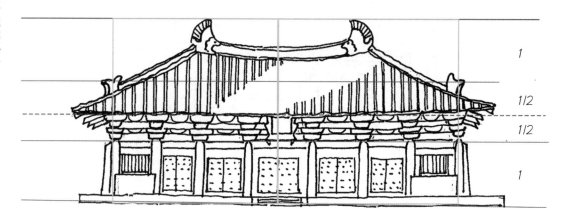

1

1/2

1/2

1

1

1/2

1/2

1

画图要点：大殿立面由两个近似的正方形构成，总高为檐柱的3倍，檐口高约为檐柱的1.5倍。

佛光寺东大殿立面图（见第70页）

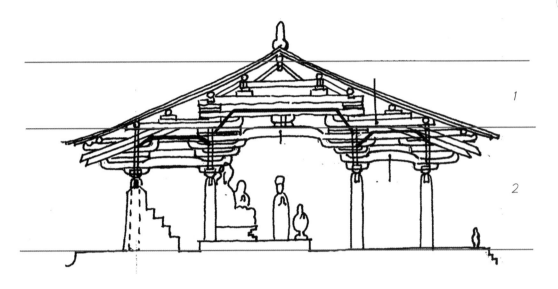

1

2

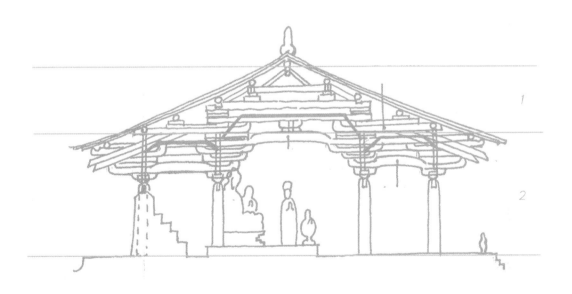

1

2

画图要点：前后乳栿对四椽栿用四柱，举高按照 1 : 4 来确定，屋身高度大概为屋顶举高的 2 倍。该殿以四椽栿月梁为中心，上下各 4 层。上为 4 层梁架，下为 4 层拱，所以先画四椽栿月梁，然后分别画上下 4 层。

佛光寺东大殿剖面图（见第 71 页）

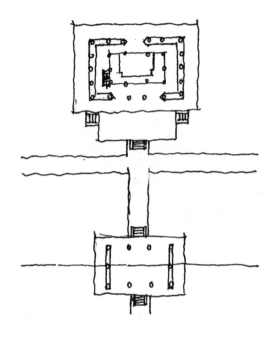

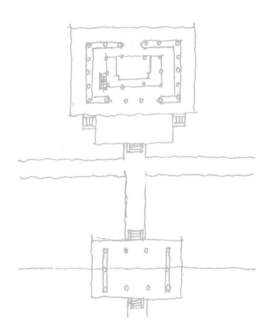

画图要点：平面略微呈扁方形状（面阔略大于进深），面阔3间，进深3间。

天津蓟县独乐寺建筑遗存（见第107页）

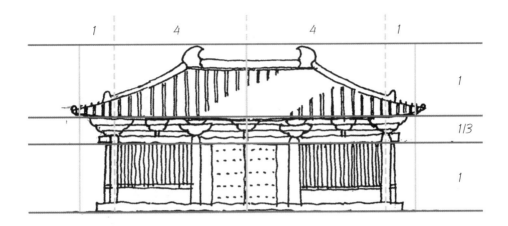

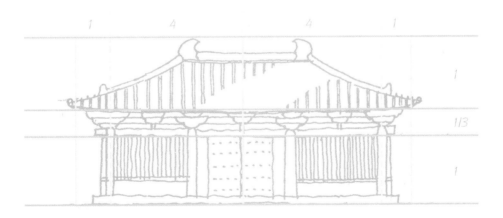

画图要点: 立面辅助框是由两个正方形左右各切掉 1/5 形成的, 立面高度分段按 1 : 1/3 : 1。
正脊相当于当心间的宽度。

独乐寺山门立面图 (见第 108 页)

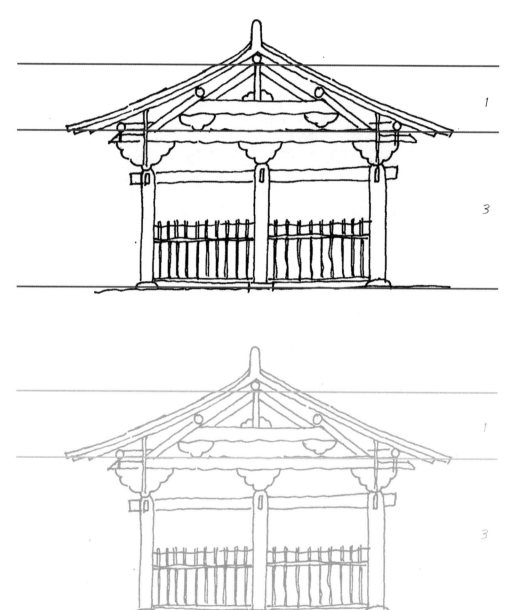

画图要点：举高可以按 1/4 来算，屋架高度和屋身的高度比为 1：3。

独乐寺山门剖面图（见第 108 页）

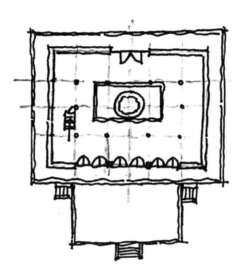

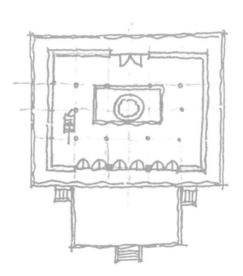

画图要点: 平面形式为金箱斗底槽式样, 楼梯位于外槽, 佛台长度为2柱跨, 宽度为1.5柱跨。

独乐寺观音阁平面图（见第 109 页）

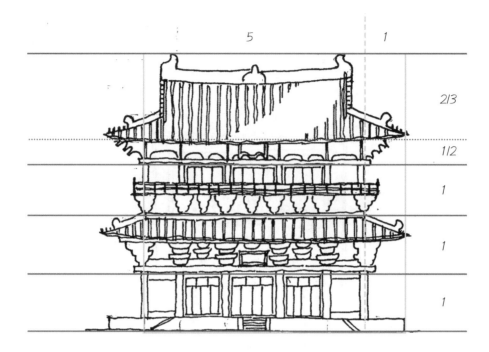

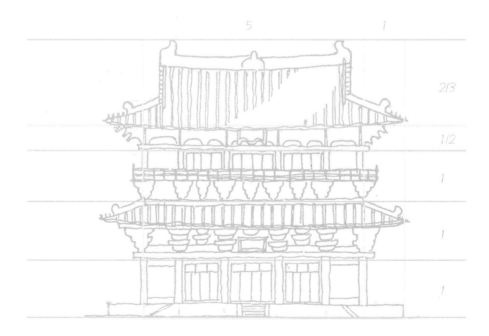

画图要点：立面辅助框是由一个正方形纵向切掉 1/6 形成的，立面分为 5 段，正脊末端位于尽间的中部。

独乐寺观音阁立面图（见第109页）

图解中国古代建筑史

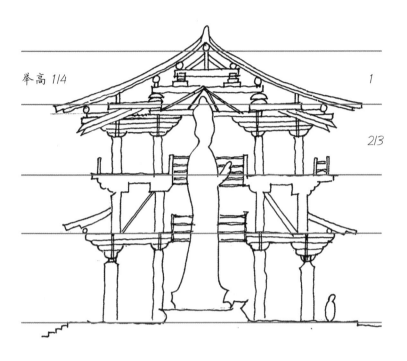

举高 1/4

1

2/3

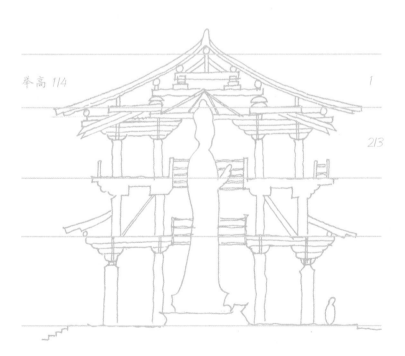

举高 1/4

1

2/3

画图要点：前后乳栿对四椽栿用四柱。屋架举高可以按 1/4 来算，屋架高度和顶层屋身的高度比为 2∶3。

独乐寺观音阁剖面图（见第 110 页）

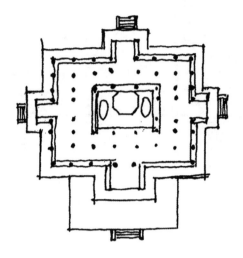

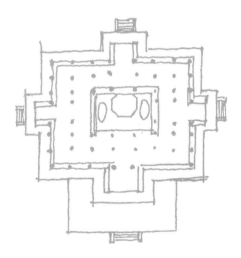

画图要点：副阶周匝被包进了建筑内部，所以建筑平面为身内金箱斗底槽，然后里面再嵌套双槽，由此来扩大室内空间。

隆兴寺摩尼殿平面图（见第113页）

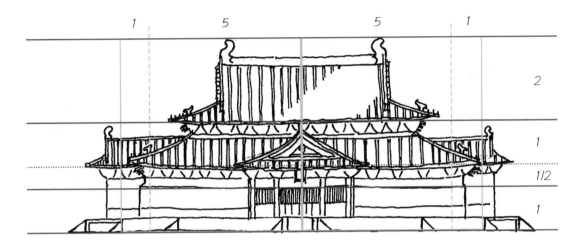

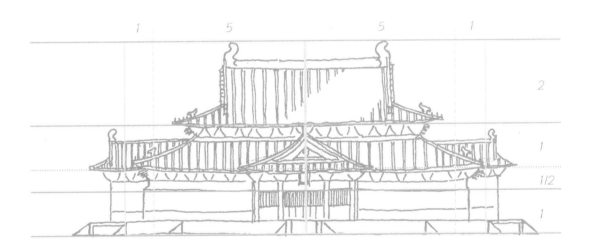

画图要点: 立面辅助框是由两个正方形左右各切掉 1/6 形成的, 立面高度分为 4.5 段(其中 0.5 段为斗栱高度), 正脊长度在五开间长度处进行收山处理, 基本接近三开间。

隆兴寺摩尼殿立面图(见第 113 页)

举高 1/3

1

2

举高 1/3

1

2

画图要点：前后乳栿对四椽栿用四柱，举高近似于 1：3，屋架高度和屋身的高度比为 1：2。

隆兴寺摩尼殿剖面图（见第 113 页）

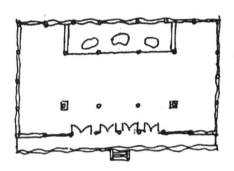

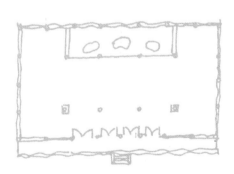

画图要点：洪洞广胜下寺后大殿面阔7间，进深4间8椽，殿内使用减柱、移柱法，整座大殿只用6根内柱。

洪洞广胜下寺后大殿平面图（见第131页）

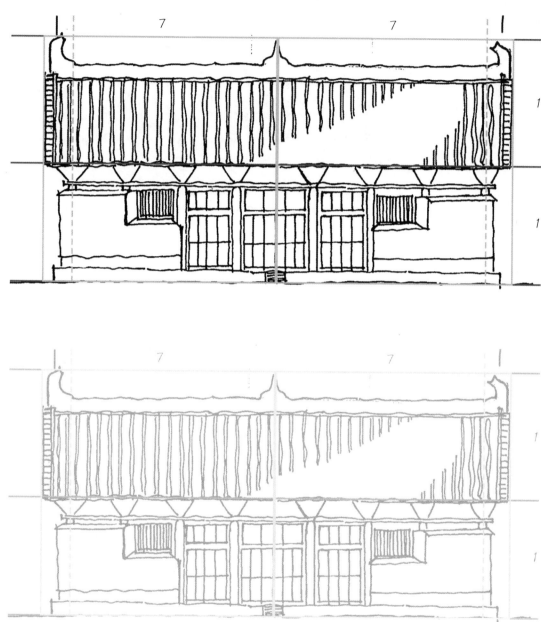

画图要点：立面辅助框是由两个正方形左右各切掉1/8形成的，立面高度分为两段。

洪洞广胜下寺后大殿立面图（见第131页）

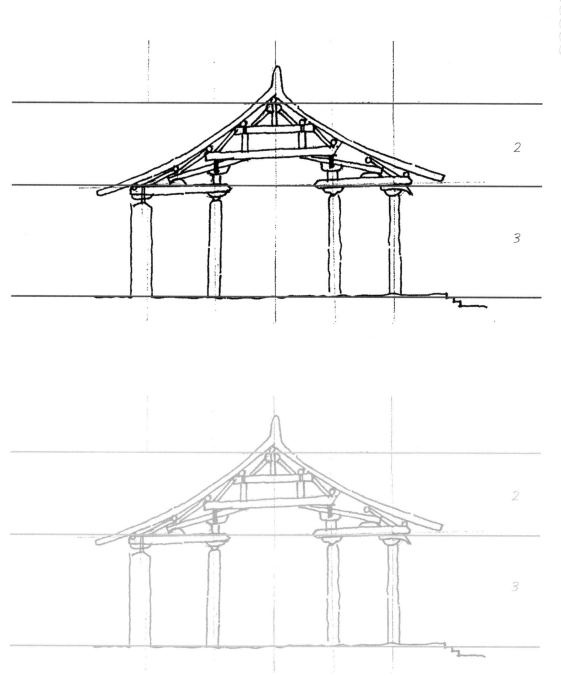

2

3

2

3

画图要点：举高可以按1/3来算（即屋架高度为进深的1/3），而屋架高度和屋身的高度比为2：3。

洪洞广胜下寺后大殿剖面图（见第132页）

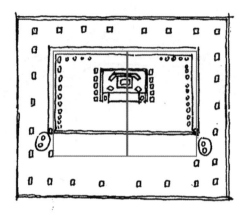

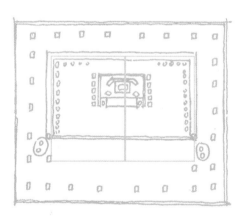

画图要点：晋祠圣母殿坐西朝东，殿身面阔5间，进深4间，周围采用副阶周匝的做法，前檐廊深2间。

晋祠圣母殿平面图（见第133页）

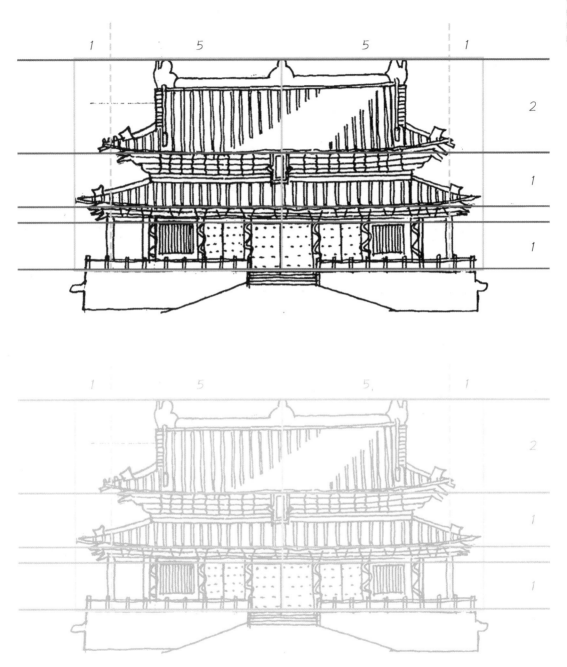

画图要点：立面辅助框是由两个正方形左右各切掉 1/6 形成的，立面高度分为 4.5 段，正脊长度在五开间长度处进行收山处理，基本接近五开间。

晋祠圣母殿立面图（见第 134 页）

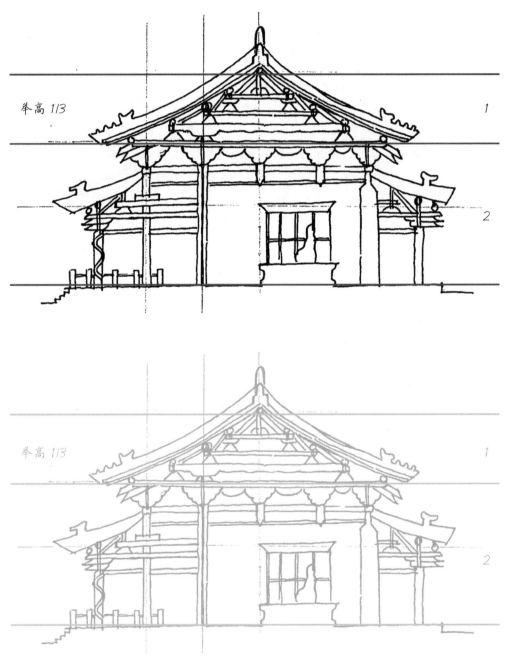

举高 1/3

1

2

举高 1/3

1

2

画图要点：八架椽屋乳栿对六椽栿用三柱。举高可以按 1/3 来算，屋架高度和屋身的高度比为 1：2。

晋祠圣母殿剖面图（见第 134 页）

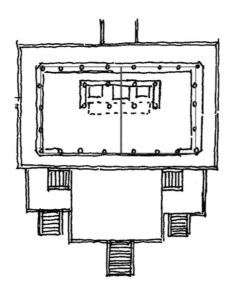

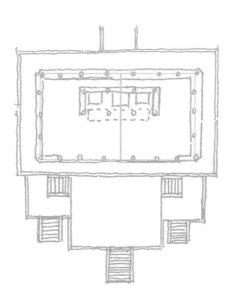

画图要点：三清殿面阔七间、进深四间，室内应用减柱造，共留下八根柱子，在八根柱子之间设置神坛。

永乐宫三清殿平面图（见第 137 页）

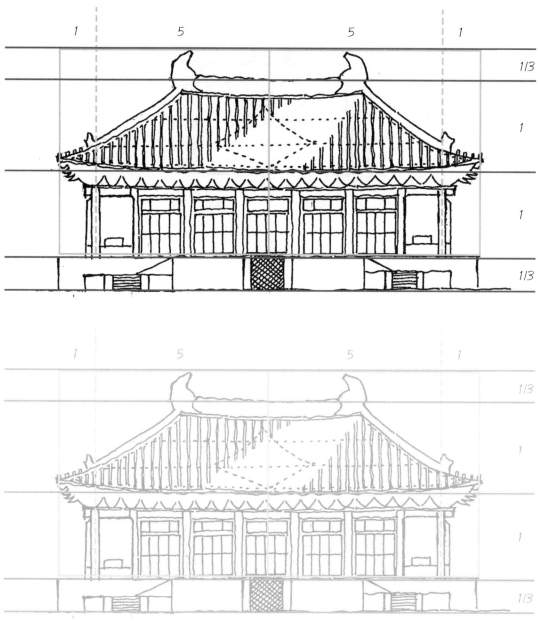

画图要点：立面辅助框是由两个正方形左右各切掉 1/6 形成的（不包括台基），立面高度分为 2 段，正脊长度为三开间。

永乐宫三清殿立面图（见第 137 页）

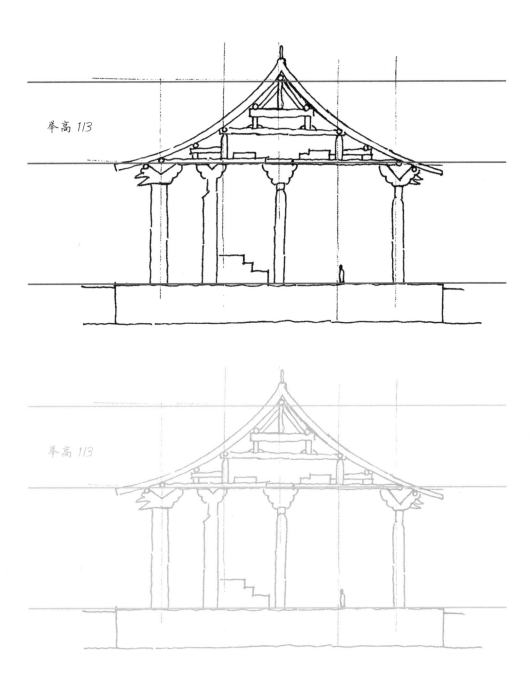

举高 1/3

举高 1/3

画图要点：八架椽屋四椽栿对双乳栿用四柱。举高可以按 1/3 来算（即屋架高度为进深的 1/3），而屋架高度和屋身的高度比为 2：3。

永乐宫三清殿剖面图（见第 137 页）

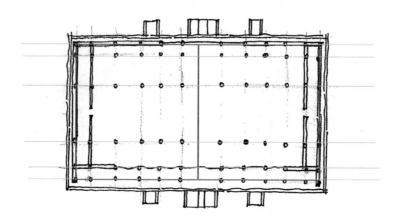

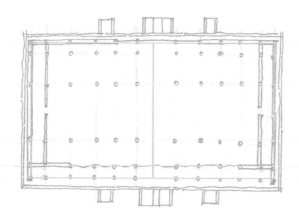

画图要点: 平面为金箱斗底槽, 开间符合 "明间 > 次间 = 梢间 > 尽间" 的规律; 进深满足 1 : 2 : 3 : 2 : 1 的比例。

太和殿平面图 (见第 173 页)

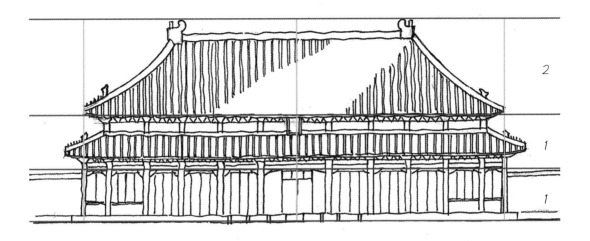

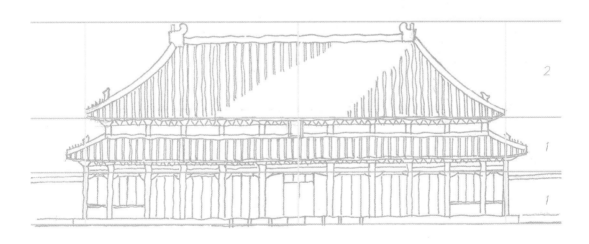

画图要点：立面辅助框是由两个正方形组成的，内部内切两个圆，立面高度分为四段，上层屋顶占两段，正脊长度为五开间。

太和殿立面图（见第 174 页）

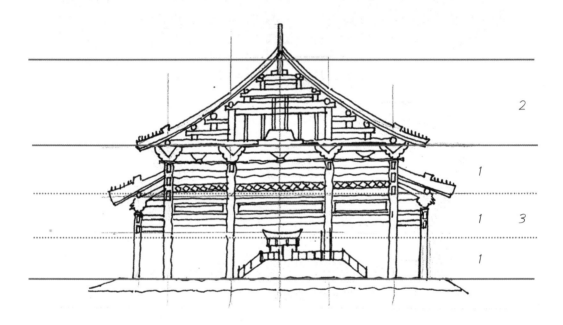

画图要点：太和殿举高可以按 1/3 来算（即屋架高度为进深的 1/3），而屋架高度和屋身的高度比为 2：3，周围廊的斗栱正心檩高度大约为屋身高度的 2/3。

太和殿剖面图（见第 174 页）

2

1

1　3

1

佛塔平立剖

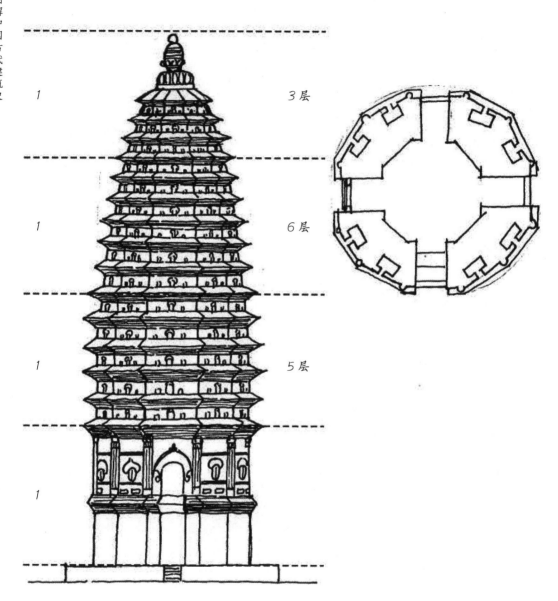

画图要点：该塔的立面从上到下可分为 4 个正方形，包括 14 层密檐和 2 层普通檐。14 层密檐包含在上面的 3 个正方形里，分别为 3、6、5 层；2 层普通檐包含在底下一个正方形里。整个塔呈和缓的抛物线形，抛物曲线由抛物线起点和终点确定。

河南登封嵩岳寺塔（见第 49 页）

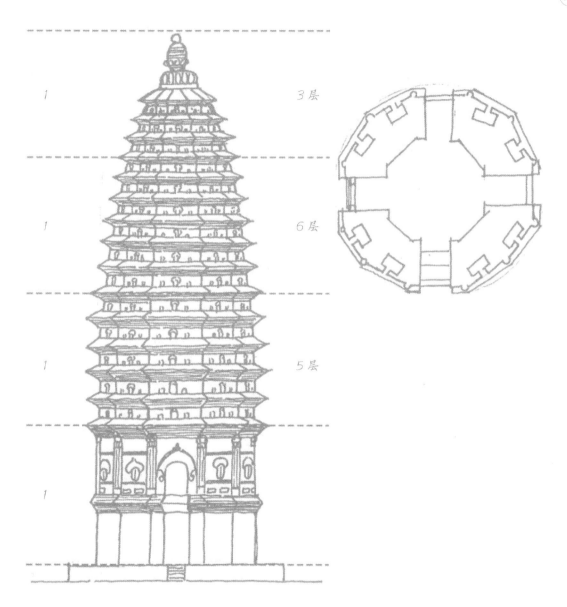

3层

6层

5层

画图要点：底层为金箱斗底槽加副阶周匝的平面柱网布局形式，这样就形成了双套筒的结构
形式。

应县木塔立面图、剖面图（见第139页）

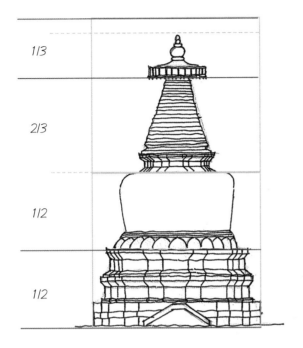

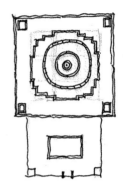

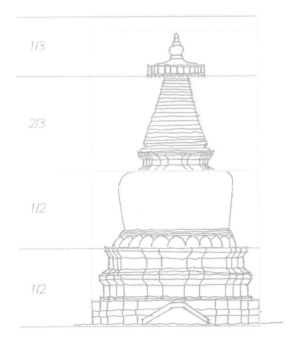

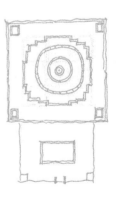

画图要点：由塔基、塔身和塔刹三部分组成。塔基分三层，下层为平台，上两层为重叠的须弥座。台基上为覆莲座及金刚圈，承托高大的塔身。塔身上肩略宽，外形简洁浑厚。

北京妙应寺白塔（见第 140 页）

画图要点：该塔以一个台座上立"一大四小"五座密檐小塔为基本特征。台座由须弥座和五层佛龛组成，台座南面开一扇高大的拱门，由此可拾级而上。

北京大正觉寺塔平面图、立面图（见第 181 页）

图解中国古代建筑史

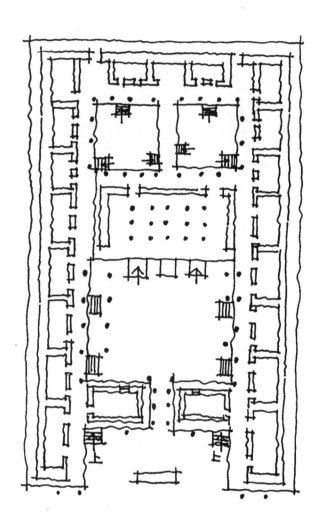

画图要点：院落四周有檐廊环绕，中轴线上依次排列着影壁、大门、前堂、后室。院落两侧为通长的厢房（左右各8间），将院落围成封闭空间，前堂与后室之间用廊子连接。

陕西岐山凤雏村西周建筑遗址（见第16页）

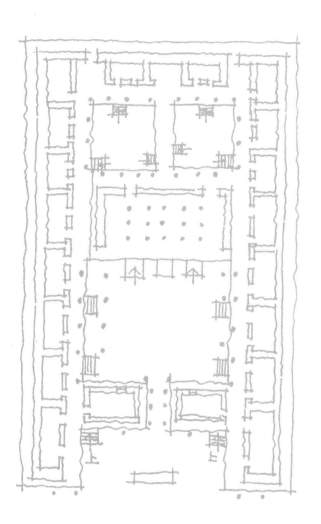

图解中国古代建筑史

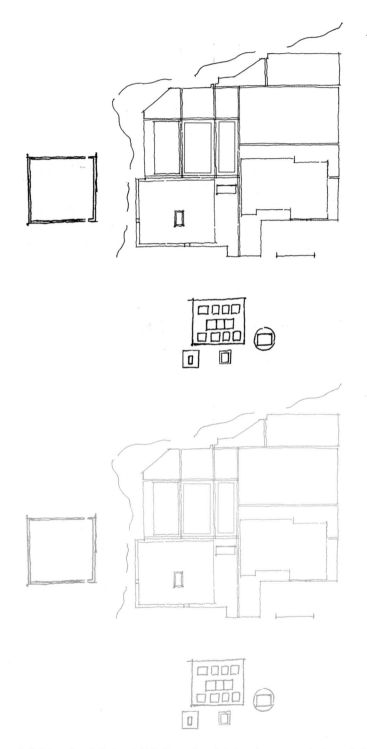

画图要点：平面的南北两端都有突出，南北向和东西向各有4条街道，画完街道后填充城市功能。

汉长安城遗址平面图（见第25页）

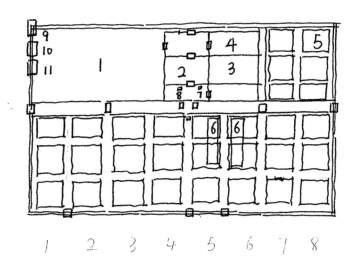

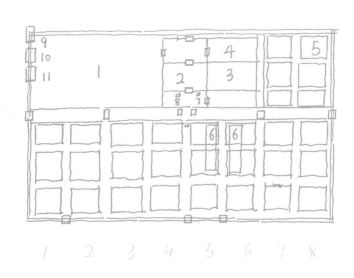

画图要点：邺城平面呈长方形，有两重城垣：郭城和宫城。城中有一条东西干道，将全城分成南北两部分。干道以北正中为宫城，宫城以东为戚里，宫城以西为禁苑。东西干道以南为一般居住区，划分为若干里坊。

曹魏邺城平面图（见第27页）

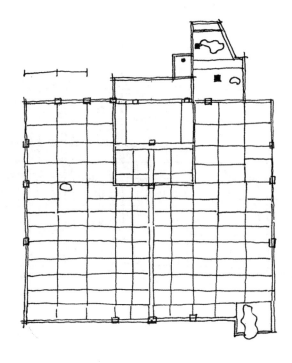

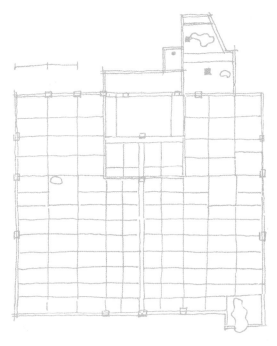

画图要点：唐长安城为规则的棋盘状城市，通过九宫格将城郭划分开，南北向 4、4、5 个格，东西向 3、4、3 个格。最后，将城门以及标志性建筑名称标在图上。

唐长安城平面图（见第 58 页）

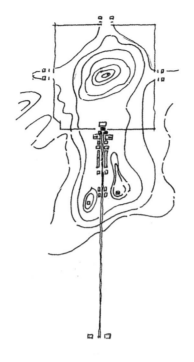

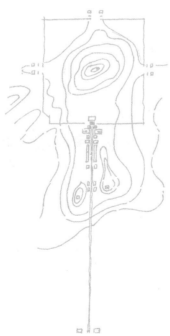

画图要点：神道从南面朱雀门向南延伸 4 千米，设三道门阙，从南向北依次为残高 8 米的
土阙一对，双峰顶端对峙的双阙，以及南陵门前相对的双阙。

乾陵总平面图（见第 81 页）

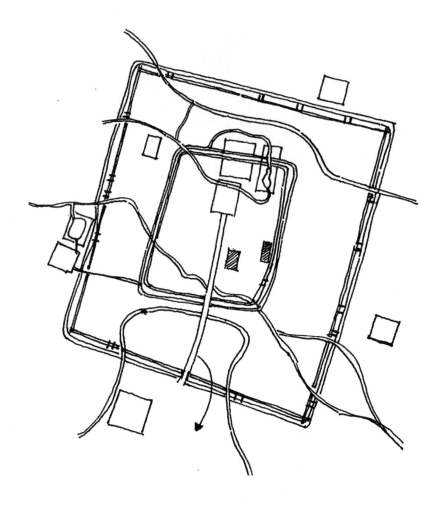

画图要点：由三重城墙组成，宫城在皇城偏北，开创了宫城前御街千步廊制。四水贯都，主
要有五丈河、金水河、汴河、蔡河，以交通以水路为主。

北宋东京城平面图（见第 97 页）

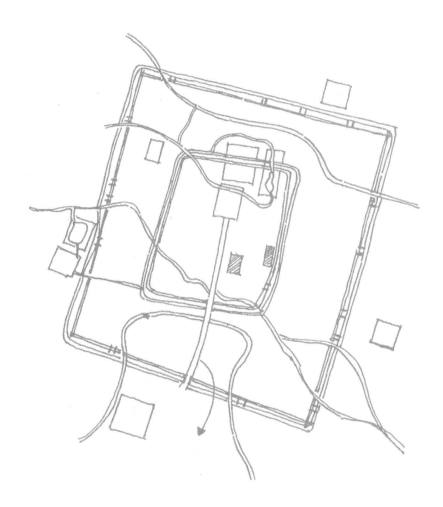

图解中国古代建筑史

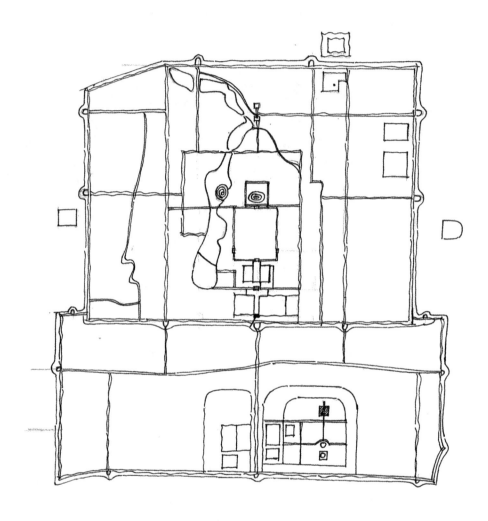

画图要点：明清北京城有四道城墙，宫城、皇城、内城相套，外城位于南端，与前三套城墙组成一个"凸"字形。宫城位于城市中轴线上，明清北京城的城门数量可以按照"外7内9皇城4"这个口诀记忆。

明清北京城平面图（见第 171 页）

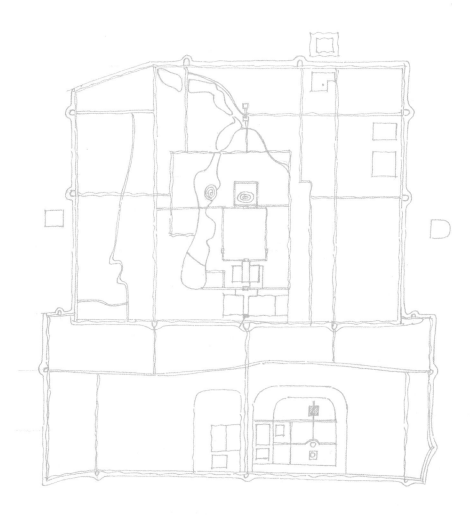

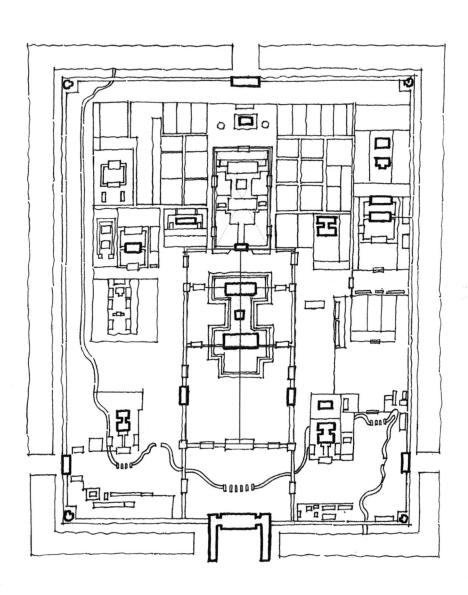

画图要点：紫禁城长961米，宽753米，此例为长/宽≈9/7，所以整体为长方形状，中和殿位于几何中心，而前三殿和后三殿由5个相等的长方形组成"凸"字形，即（此处见图），乾清宫位于上方长方形对角线上，太和殿位于下方长方形对角线交点上。

明清北京紫禁城平面图（见第173页）

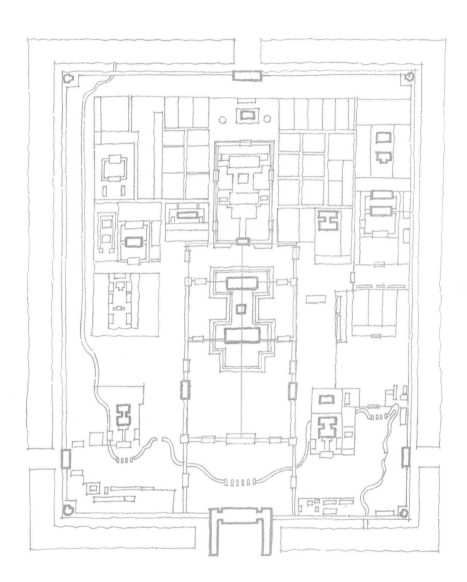

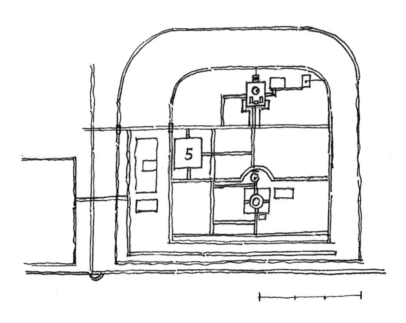

画图要点：天坛有内外两重坛墙，采用上圆下方（北圆南方）的平面形式，天坛的正门在西侧，神乐署和牺牲所位于两道坛墙之间的主路南侧，用于演习礼乐以及饲养祭祀用的牲畜。斋宫位于内坛墙入口南侧，坐西向东。圆丘、祈年殿两组建筑通过丹陛桥的连接，形成了超长的主轴线。

北京天坛建筑群平面图（见第 177 页）

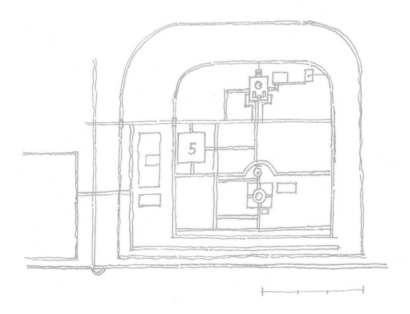

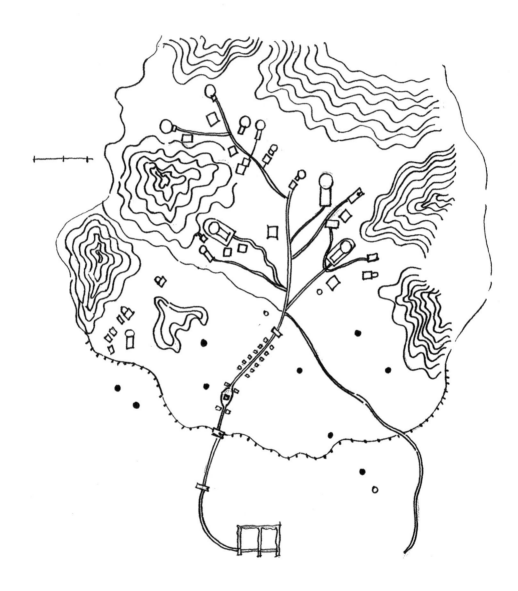

画图要点：确定神道位置，需要明确的是：神道是一条东北、西南走向的道路，而且在中段处会发生转折。标出神道上的重要节点，如牌坊、大红门、碑亭、18 对石象生和一组棂星门，这些节点的顺序也很重要。

明十三陵平面图（见第 187 页）

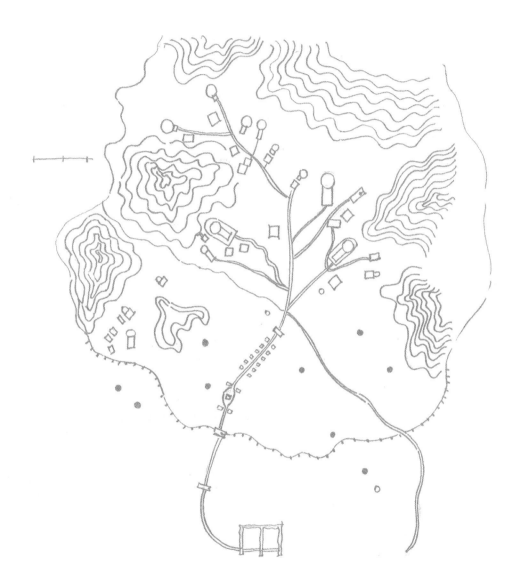

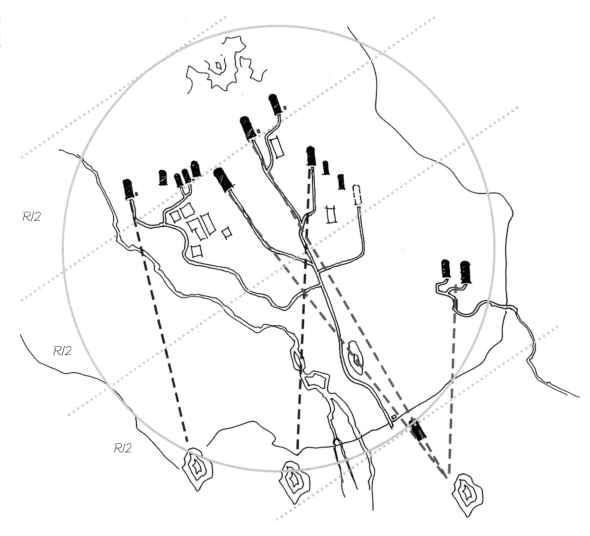

画图要点:
1. 用圆形辅助框线来确定陵墙(风水墙)的大体位置,陵墙基本位于圆形辅助框的下半圆当中。
2. 沿直径方向对圆进行四等分,如图虚线所示,第一个 R/4 虚线上可以串联起 3 座帝陵,其中孝陵和定陵位于虚线之上,裕陵位于虚线之下。
3. 景陵和惠陵位于右半圆处,根据虚线确定其大概位置。

清东陵风水理论示意图(见第 192 页)

R12

R12

R12

细部构造

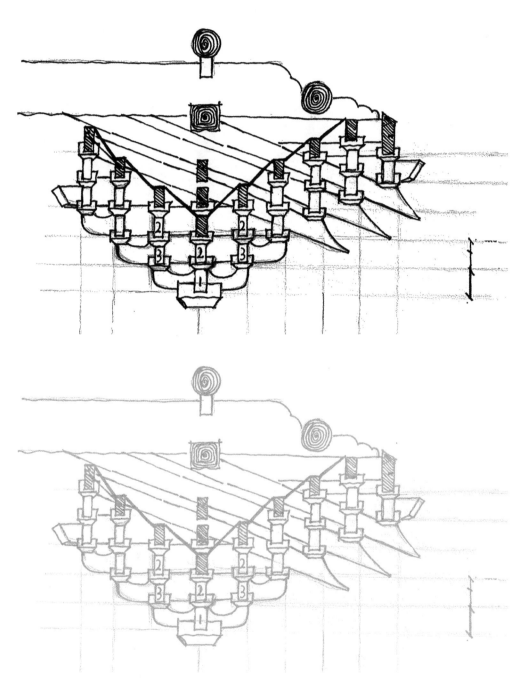

画图要点：五跳斗拱就在竖向画五层辅助线，其中每层都包括高度为 a 的材和高度为 $a/3$ 的栔。最底下的华拱为五个边长为 a 的正方形。每有一跳就向两侧增加两个正方形。

宋式八铺作示意图（见第 157 页）

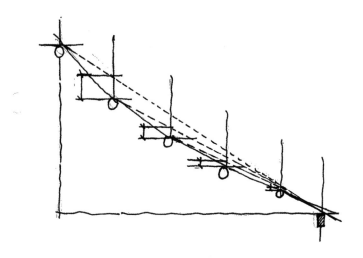

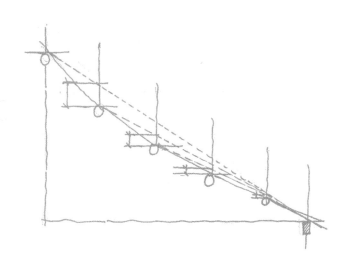

画图要点：宋代先按照房屋进深确定屋面坡度，将脊槫"举"到额定的高度，然后从上而下，逐架"折"下来，再求得各架槫的高度，形成曲线和曲面。

举折做法（B 为总进深）（见第 161 页）

画图要点：砖须弥座由 13 层砖叠砌而成，除涩平层、壶门、柱子砖层外，各层都很薄，整体造型秀气精致。

宋式须弥座（见第 163 页）

图解中国古代建筑史

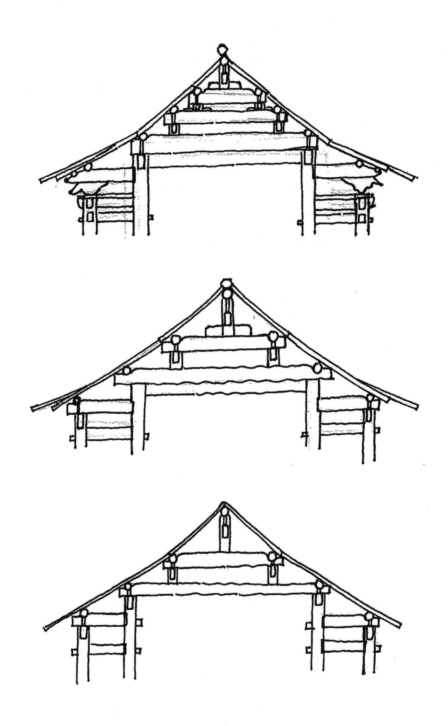

画图要点：大木作大式建筑可做到九间十一架或者十一间十三架，可出廊，以斗口作为木构件的标准计量单位，分为带斗拱和不带斗拱两种。大木作小式建筑不超过五间七架，不能出廊，以檐柱径和明间面阔为木构件的标准计量单位。

大木作大式建筑与小式建筑（见第211页）

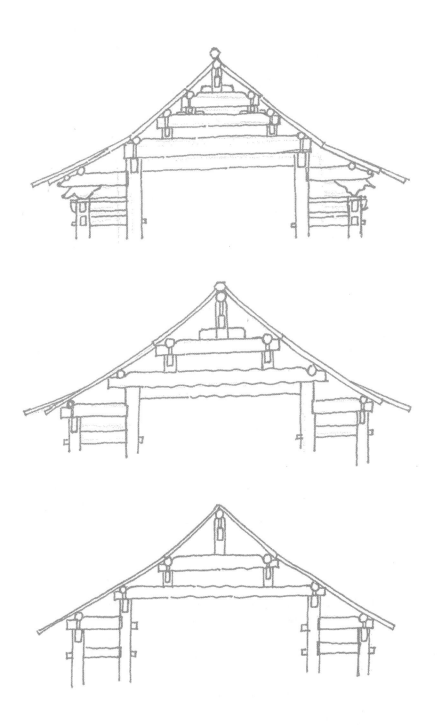

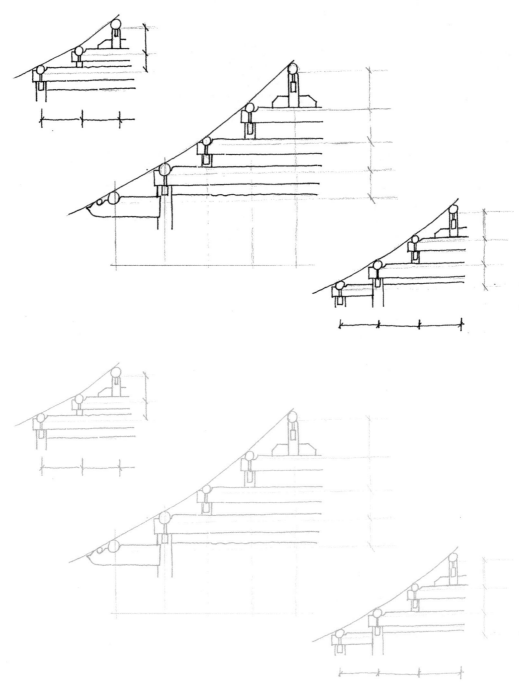

画图要点："举"是指屋架的高度，各种建筑的檐步架都是五举（即步架举高和步架长度之比为 5∶10），飞檐为三五举，其余各步架之间的举高取决于房屋的大小和檩数的多少，城楼或亭子的脊步架可达九五举，甚至十举以上。

清代举架制度示意图（见第 216 页）

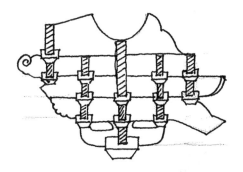
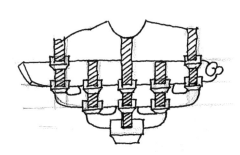

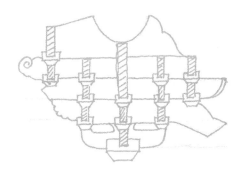
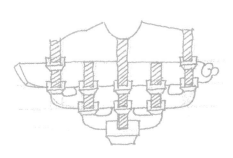

画图要点：斗拱中间与两端均为两个斗，其间都为3个斗。一个拱的长度是大斗的整数倍，正心瓜拱为3个大斗，正心万拱为5个大斗。

五踩斗拱的两种形式（见第220页）

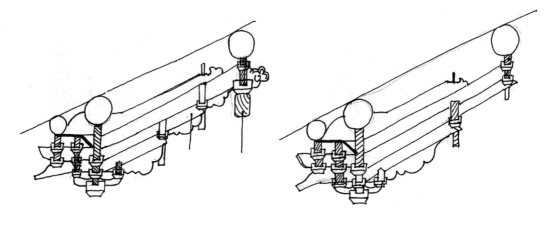

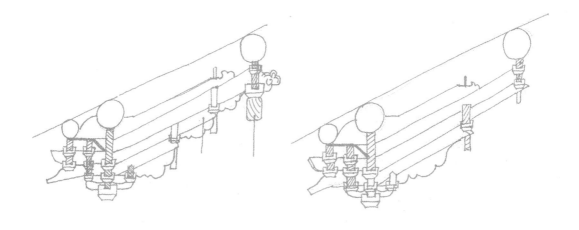

画图要点：至明代，带下昂的平身科斗栱又有转化为镏金斗栱的形式，原来斜昂的作用丧失殆尽。

镏金斗栱的两种做法（见第 222 页）

画图要点：从元代起，须弥座束腰变矮，束腰的角柱改为"巴达玛"（莲花），壶门、力神已不常用，束腰上的莲瓣肥硕，多以花草和几何纹样做装饰。明代须弥座延续了元代的特点，且成为定式，上下部基本对称，但在相似大小的建筑物中，清式须弥座尺度较宋式小。

清式须弥座（见第 225 页）

后记

　　本书对中国历代各种类型的建筑做了基本概述，但要将中国悠久的历史、各朝各代灿烂的建筑文化、多姿多彩的建筑形象与内涵全部表现出来是非常困难的，笔者尽自己所能，用图文结合的方式介绍了中国悠久的建筑文化与建筑理论体系。从奴隶社会的茅茨土阶到春秋时期的高台榭、美宫室，从秦汉时期宫与苑的巧妙结合到唐宋之后三朝五门的再度实施，书中都有谈及。此书的核心部分是各类图的绘制，这些图并不是凭空抄绘，而是有章法、有技巧地绘制，绘制的方法来源于笔者对中国古代建筑特征和营造技艺的总结，还有对中国人审美情趣的分析，希望读者看书之余牢牢抓住这两点，只有将物质性的建筑特点和非物质性的古人思维结合起来，绘制出来的图才能更接近原始的建筑图纸。

　　此书能顺利出版，我要感谢我的研究生导师杨一帆老师给予我的学术上的支持与帮助，感谢太原理工大学的曹雪芹为此书进行资料收集和梳理，感谢广西师范大学出版社给予我宝贵的修改意见和对该书出版的大力支持，最后感谢本书所引用书籍的作者，他们对该书的出版功不可没。

参考书目

[1] 侯幼彬，李婉贞.中国古代建筑历史图说[M].北京：中国建筑工业出版社，2002.

[2] 刘敦桢.中国古代建筑史（第二版）[M].北京：中国建筑工业出版社，1984.

[3] 潘谷西.中国建筑史（第六版）[M].北京：中国建筑工业出版社，2009.

[4] 梁思成.中国建筑史[M].北京：生活·读书·新知三联书店，2011.

[5] 梁思成.清式营造则例[M].北京：清华大学出版社，2006.

[6] 李允鉌.华夏意匠：中国古典建筑设计原理分析（第2版）.[M].天津：天津大学出版社，2014.

[7] 王其亨.风水理论研究（第2版）[M].天津：天津大学出版社，2005.

[8] 马炳坚.中国古建筑木作营造技术（第二版）[M].北京：科学出版社，2003.

[9] 刘大可.中国古建筑瓦石营法[M].北京：中国建筑工业出版社，1993.